Sebastian Gräf

# Freizeitverkehr in der "Freizeitgesellschaft"

GRIN Verlag

**Bibliografische Information der Deutschen Nationalbibliothek:**

Die Deutsche Bibliothek verzeichnet diese Publikation in der Deutschen National-
bibliografie; detaillierte bibliografische Daten sind im Internet über http://dnb.d-
nb.de/ abrufbar.



**Impressum:**

Copyright © 2008 GRIN Verlag GmbH
Druck und Bindung: Books on Demand GmbH, Norderstedt Germany
ISBN: 978-3-640-26493-3

**Dieses Buch bei GRIN:**

http://www.grin.com/de/e-book/121789/freizeitverkehr-in-der-freizeitgesellschaft

Universität Karlsruhe
Institut für Geographie und Geoökologie II
Hauptseminar:
  Zeit, Tempo, Verkehr und Raum: Zeit- und Verkehrsgeographie

Wintersemester 2007/2008

Thema:
# Freizeitverkehr in der „Freizeitgesellschaft"

Sebastian Gräf
LA Mathematik/Geographie
7. Semester

**Inhaltsverzeichnis**

**Abbildungsverzeichnis**



**Tabellenverzeichnis**

## 1. Einleitung

In unserer Gesellschaft muss alles immer unglaublich schnell gehen. Gerade auch, wenn es um unsere Freizeitgestaltung geht, soll alles immer noch schneller, weiter weg und erlebnisreicher werden. Oft wird der Wunsch nach Mobilität schon in Markennamen, die aus dem Tierreich stammen und wild und schnell klingen, deutlich. So steht manch einer morgens auf und schlüpft in seine Socken, die mit dem Namen einer großen Raubkatze animalisch wild klingen, so wild sogar, dass die Zehen sofort in die Kangaroo-Turnschuhe gebohrt werden, mit denen es dann möglich wird, ganz große Sprünge zu verrichten. Die Mustang-Jeans wird bei diesem Vorhaben sicherlich auch nicht bremsen. Ein roter Bulle kann schon zum Frühstück Flügel verleihen, die bei dem Tagesprogramm manchmal auch bitter nötig werden und dazu brüllt ein Schokolöwe in Riegelform den Hunger in die Flucht, Essen darf ja auch nicht zu lange dauern, wenn man viel vor hat.

Beim Gang in die Garage fällt ihm auf, dass der ansonsten so flotte, gelb-schwarz gemusterte und für wehrlose Pflanzenfresser so gefährliche Sportwagen lahmt und deswegen ja gerade in der Werkstatt ist, um dort wieder fit gemacht zu werden. Zum Glück ist dann da ja noch die schwarze Wunderkiste, die ihn mit bunten Bildern und fröhlichen Klängen in die Ferne sehen lässt. Sehnsucht weckende Sendungen werden unterbrochen von nett gemeinten Ratschlägen, wie er die Zeit, die er eigentlich gar nicht hat, verbringen soll. Geht ja auch alles ganz schnell und alles was man kaufen soll, spart ja letztendlich auch wieder so viel Zeit beim Gebrauch ein, dass man am Ende mit einem satten Plus dasteht. Wirklich zu freundlich diese Werbung. Alleine käme man wahrscheinlich nicht auf die Idee, die 'Geschmäcker der Welt zu entdecken' oder jedes Mal davon zu segeln, wenn man ein Bier genießen möchte. Nur die Sache mit den tropischen Inseln, auf denen man schon zum Frühstück zu exotisch-rythmischen Klängen tanzt und sich milchig-alkoholische Drinks mit viel Eis zu Gemüte führt hat einen Haken: Zu zeitaufwändig, es sei denn, man hat daran gedacht, sein Handy mitzunehmen...

Jedes Mal, wenn er Werbung sieht, dann fällt ihm wieder die Frage ein, die er immer beim Metzger gestellt bekommt, wenn er Wurst kauft. 'Darf's auch ein bisschen mehr sein?' Seine Antwort wäre zweifelsohne 'Ja'. Warum auch nicht, eigentlich wäre er auch mit weniger zufrieden, aber wenn es ihm schon so angeboten wird...

Mittags gibt es -wie könnte es anders sein- Fast Food, ganz einfach und ohne unnötigen Zeitverlust, denn der Pizza-Blitz schlägt auf Bestellung ein und geliefert wird frei Haus.

Dann wird wie jeden Tag, wenn man es selber nicht schafft, immerhin noch die kleine Computermaus durch die ganze große Welt gejagt auf der Suche nach Dingen, die man ansonsten höchstwahrscheinlich nicht einmal im Traum vermisst hätte. Wie wäre es mal wieder mit einem Flug bei nächster Gelegenheit, was sehen, unterwegs sein, was erleben. Diese Insel aus der Werbung klang ja doch gar nicht so schlecht. Und wer könnte schon einem majestätischen Vogel wie dem Condor widerstehen...

Aber warum sind wir denn eigentlich so fixiert auf die Mobilität in unserer Freizeit? Warum legen wir denn so häufig große oder auch kleine Strecken zurück? Warum fahren wir denn so häufig mit dem Auto? Und welche Auswirkungen hat dieses Verhalten auf uns und unsere Umwelt? Diese und andere Fragen sollen nun im Rahmen dieser Hausarbeit beantwortet werden.


## 2. Freizeitverkehr – Definitionsschwierigkeiten

Es ist schwierig, den ‚Freizeitverkehr' in einer klaren Definition wiederzugeben und abzugrenzen. Die Schwierigkeit dabei ist es, dass laut Fastenmeier et al (ifmo (Hrsg.) 2003) eine solche Definition überhaupt nicht existiert. Bezeichnenderweise spricht Tokarski (2000 (zitiert in ifmo (Hrsg.) 2003, S.13)) von der „Beliebigkeit des Freizeitphänomens". So ist der große Unterschied zwischen dem Freizeitverkehr und anderen Verkehrsarten wie dem Berufs- oder Einkaufsverkehr, dass dem Freizeitverkehr als „Residualkategorie" (Brannolte et al 1998, S.17) eine Vielzahl von Fahrten unterschiedlicher Zwecke zugeordnet werden, diejenigen nämlich, die in keine der anderen gängigen Verkehrskategorien eingeordnet werden können. Diese Negativdefinition macht es schwierig, den Freizeitverkehr zu erfassen und zu messen, geschweige denn ihn zu begreifen und zu erklären. Gather und Kagermeister sprechen von der „unbekannten Black-Box des „Freizeitverkehrs" (...) [und dass] weder [dessen] Zweck noch Umfang oder Richtung (...) bislang hinreichend statistisch erfasst [wurden.]"(Gather, Kagermeister (Hrsg.) 2002, S.10).

Auf dieser unsicheren Basis erscheint es sinnvoll, sich erst der Frage nach einer Definition des Begriffes ‚Freizeit' zuzuwenden, bevor der Freizeitverkehr genauer eingegrenzt wird. Freizeit ist der DSL (1980) zufolge nach heutigem Verständnis „der Zeitraum, in dem Freiheit der einzelnen Lebensäußerungen subjektiv stärker erlebbar ist als in anderen Zeiträumen" (DSL, 1980. S.8). Freizeit ist somit ein subjektiver Begriff, der bei jedem eine individuelle Bedeutung besitzt, was die Problematik einer Eingrenzung des Begriffes noch verstärkt. So kann es beispielsweise für den einen eine schöne Freizeitbeschäftigung sein, mit den eigenen Kindern Unternehmungen zu tätigen, der andere hingegen fasst dies als notwendigen Einschnitt in seine frei verfügbare Zeit auf (ifmo (Hrsg.) 2003).

Bemerkenswert ist, dass Götz et al ausdrücklich formulieren, dass die Definitionen von Freizeit als Residualkategorie im Gegensatz zu Aussagen aus der Verkehrsforschung „in den Sozialwissenschaften seit langem nicht mehr gebräuchlich" sind (Umweltbundesamt 2003, S.6). Nicht die allgemeine Zwanglosigkeit und die Abgrenzung gegenüber Verpflichtungen gibt für deren bevorzugte Definition den Ausschlag, vielmehr ist Freizeit die „Aus-Zeit hinsichtlich der Verhaltenserwartungen von Organisationen" (Umweltbundesamt 2003, S.8), ist also nicht mit Freiheit gleichzusetzen und kann auch durchaus negative Aspekte beinhalten, beispielsweise das Auftreten von Vandalismus und Krisen durch die Überforderung mit offenen Entscheidungen.

Nichtsdestotrotz sollen für den Zweck dieser Arbeit für die Festlegung des Terminus Freizeit der Einfachheit halber ebendiese kritisierten Definitionsansätze ausschlaggebend sein. ‚Freizeit' soll also durch „Abgrenzung gegenüber Erwerbstätigkeit, Abgrenzung gegenüber Erholung als (physiologischer) Reproduktion, Abgrenzung gegenüber Haushalts- und Familienverpflichtungen, Abgrenzung gegenüber sonstigen verpflichtenden Tätigkeiten [und] Zwanglosigkeit" (Umweltbundesamt 2003, S.7) bestimmt sein. Mit anderen Worten kommen Fastenmeier et al nach Auswertung einer repräsentativen bundesweiten Haushaltsbefragung zu dem Schluss, dass Freizeit empfunden wird als „alles, was nicht zur Arbeit gehört und Spaß macht" (ifmo (Hrsg.) 2003, S.27). So verwenden auch Karg et al (ifmo (Hrsg.) 2000) den Arbeits- und Freizeitbegriff als Gegensatzpaar, Arbeit wird mit Nicht-Freizeit und Freizeit wird mit Nicht-Arbeit gleichgesetzt. Dabei können die hier unterschiedenen Haushaltshandlungen zum Unterhalt und Transfer –im Speziellen Information, Beschaffung, Produktion, Konsum, Entsorgung und Transferhandlungen (ifmo (Hrsg.) 2000, S.97: Abbildung 1)– je nach Enge und Weite der Definition des Arbeitsbegriff und entsprechend Weite und Enge der Definition des Freizeitbegriffes unterschiedlich zugeordnet werden.

Kehren wir nun wieder zum ‚Freizeitverkehr' zurück. Karg et al definieren die Freizeitmobilität (was mit dem Freizeitverkehr gleichzusetzen ist) als sehr einfache Negativdefinition: „Freizeitmobilität im Alltag ist also die Mobilität des Menschen in der Tageszeit, in der er keine Arbeit verrichtet, und zu der Zeit des Jahres, in der er keinen Urlaub hat" (ifmo (Hrsg.) 2000, S.99). Der Urlaubsverkehr wird auch in den meisten anderen Definition vom Freizeitverkehr durch die Anzahl der Übernachtungen abgegrenzt. Ausflüge und Kurzreisen mit bis zu 3 Übernachtungen zählen demnach zum Freizeit-, Reisen mit mehr als 3 Übernachtungen zum Urlaubsverkehr. Hier stimmen mindestens Gather und Kagermeister (2002), Karg et al (ifmo (Hrsg.) 2000) und Fastenmeier et al (ifmo (Hrsg.) 2003) überein. Für Untersuchungen ist es wichtig, den Freizeitverkehr trotz aller Schwierigkeiten möglichst fass- und messbar zu umgrenzen, also am besten nicht als Negativ- sondern als Positivdefinition. Gather und Kagermeister fassen aus diesem Grund den Freizeitverkehr als den Zusammenschluss einzelner Bereiche von Verkehrszwecken auf, die bei Bedarf weiter untergliedert werden können. Diese sind „Verwandten- und Bekanntenbesuche, Besuche von Kulturveranstaltungen und „Events", Hobby einschließlich Sport sowie Wochenend- und Kurzzeiterholung" (Gather, Kagermeister (Hrsg.) 2002, S.10).

Wenn man also von ‚Freizeit' und ‚Freizeitverkehr' spricht, so muss man sich immer im Klaren darüber sein, dass diese Ausdrücke nicht eindeutig festgelegt sind. Die Definitionsproblematik sei an dieser Stelle aber nicht noch weiter vertieft. Für den Zweck dieser Arbeit sollen die Begriffe über die vereinfachten, wenn auch damit nicht fehlerfreien Abgrenzungen verstanden werden, Freizeit also ganz grob als Nicht-Arbeitszeit und als Zeit, die Spaß macht und Freizeitverkehr eben als der Bereich des Verkehrs, der in diese Zeit fällt. Klar ist dabei auch, dass die Grenzen zwischen Freizeit- und sonstigem Verkehr so niemals scharf verlaufen können.

## 3. Was macht unsere „Freizeitgesellschaft" aus?

Die Bedeutung des Begriffs „Freizeitgesellschaft" ist wahrscheinlich den meisten von uns zumindest in groben Zügen geläufig. Es geht darum, dass die Menschen immer mehr Freizeit besitzen, über die sie verfügen können. Die Arbeit rückt dabei in den Hintergrund. Max Weber und Karl Marx sprechen davon, dass der Mensch sich über seine Arbeit bestimmt. Dies war früher unbestreitbar auch der Fall. Doch mit der zunehmenden Automatisierung und der von Marx prognostizierten Entfremdung des Menschen von der Arbeit (m2k collective 2000) verlor letztere mehr und mehr an Einfluss auf die Selbstbestimmung des Menschen. Schon in den 60er und 70er Jahren begann so die Entwicklung der so genannten ‚Freizeitgesellschaft' beziehungsweise der ‚Spaßgesellschaft'. Spätestens nach obigen Ausführungen zum Freizeitbegriff ist klar, dass diese Begriffe sehr eng miteinander zusammenhängen und so ohne weiteres synonym verwendet werden können. Helmut Kohl sprach in diesem Zusammenhang 1996 auch von einem „kollektiven Freizeitpark" (Die Zeit 1996), allerdings hier klar in einem negativen Kontext, denn er bemängelte damit mangelnden Arbeitswillen. Generell ist der Begriff ‚Freizeitgesellschaft' nicht wie von einigen angenommen rein positiv belegt, Heimken spricht sogar von einer „positiven Utopie" (Heimken 1989, S.6). Obwohl er die Freizeitgesellschaft als „weniger durch Arbeitszwang und entfremdende Lohnarbeit, als durch (…) selbstbestimmte Tätigkeiten gekennzeichnet" (Heimken 1989, S.6) grundsätzlich als positiv beschreibt, weist er auf negative Aspekte hin, die sich ergeben, wenn man das Phänomen ‚Freizeitgesellschaft' nicht nur oberflächlich betrachtet.

Arbeitslosigkeit ist das beste Beispiel dafür, dass reine Freizeit meistens nicht zu Zufriedenheit führt. So sind laut ihm Konsum und Hobby komplementär und nicht alternativ zur Arbeit anzusehen. Überhaupt ist der Begriff ‚Freizeitgesellschaft' an sich irreführend, da er suggeriert, dass die Freizeit sich komplett von der Arbeitszeit trennen ließe. Jedoch sind Arbeit und Freizeit niemals durch einander zu ersetzen, die Begriffe sind gemeinsam in ihre Bedeutung gewachsen. Ohne Arbeit könnte man nicht von Freizeit sprechen und andersherum. Mit Arbeits- und Freizeitgesellschaft verhält es sich ähnlich. Auch in der Freizeitgesellschaft ist der Freizeitbereich sinnvollerweise nicht isoliert zu betrachten, sondern immer im Bezug zu Gesellschaft und Arbeit zu sehen.

In jedem Fall aber, ist unsere heutige Gesellschaft in einem größeren Maß von Freizeit geprägt, als das vor einigen Jahren noch der Fall war. Nicht nur die freie Zeit an sich ist größer geworden, auch oder gerade besonders das Angebot für die Freizeitgestaltung hat sich erweitert. Neben einem vielfältigen Medienangebot stehen eine Reihe von Verkehrsmitteln zur Verfügung, die ein nahezu unbegrenztes Angebot an Freizeitmöglichkeiten auch außerhalb der Wohnung bieten. Popp formuliert in einem Abschnitt „neue Sehnsüchte [und das] Bedürfnis nach Erlebniskonsum" (Popp 2000, S. 2) und spricht von der „Erlebnisgesellschaft" (ebd.) und den „Erlebniswelten" (ebd.), die die einzelnen Freizeitbereiche kennzeichnen. Für die Thematik des Freizeitverkehrs sind hiervon vor allem Reisen, Kultur und Gastronomie relevant.

Dadurch, dass die Freizeit in der Gesamtentwicklung für die Gesellschaft immer wichtiger wird, nimmt damit bei steigender Mobilität des einzelnen natürlich auch der Freizeitverkehr stark an Bedeutung zu.


## 4. Freizeitverkehr in der „Freizeitgesellschaft"

*Nun soll der Freizeitverkehr in einer beziehungsweise unserer „Freizeitgesellschaft" thematisiert werden. Zuerst soll die Entscheidungsfindung des Freizeitverkehrs dargestellt werden: Die Fragen warum?, wie? und wohin? werden hier gestellt. Anschließend werden Ursachen, Umfang, Probleme und Möglichkeiten zur Verbesserung des Freizeitverkehrs Gegenstand der Betrachtung sein.*

### 4.1 Entscheidung zum Freizeitverkehr

*Wenn man den Freizeitverkehr nicht nur beschreiben, sondern verstehen, erklären oder sogar in bestimmte Richtungen beeinflussen möchte, ist es unumgänglich, den Entscheidungsprozess der ‚Freizeitmobilen' nachzuvollziehen. Der Wahl, überhaupt mobil zu werden, folgt die Wahl nach dem bevorzugten Verkehrsmittel und die Wahl des Zieles beziehungsweise der Route, die dorthin führt (wobei diese Reihenfolge in der Praxis nicht immer eingehalten wird).*

### 4.1.1 Ursachen/Motive des Freizeitverkehrs

„Der Mensch ist nicht zur Sesshaftigkeit geboren" (ifmo (Hrsg.) 2000, S.29), so steht es zumindest in den Ausführungen von Opaschowski. Und weiter vertritt dieser die Ansicht, dass jedes Maß an dazu gewonnener Freiheit und Freizeit auch eine Ausweitung des menschlichen ‚Nomadismus' in seiner Freizeit zur Folge hat. Knoepffler zitiert in seinem Beitrag zur Mobilitätsethik Detlef Frank, den Leiter des Wissenschafts- und Forschungsbereichs der BMW AG. Letzterer misst der Mobilität einen mindestens genauso hohen Stellenwert wie Opaschowski zu. Seine Thesen zur Mobilität –hier auf die Automobilität bezogen- bieten einen Anhaltspunkt, weshalb der Freizeitverkehr einen so hohen Stellenwert für viele besitzt. Er gibt der Mobilität ein ausschließlich positiv behaftetes Bild, welches viele Menschen teilen:

„Mobilität ist Leben

Mobilität ist Freiheit

Mobilität ist Wohlstand

Mobilität ist Zukunft." (Steinkohl et al (Hrsg.) 1999)

So ist es wenig verwunderlich, dass es für die meisten Menschen erstrebenswert ist, ein größtmögliches Quantum an Mobilität in der Freizeit zu besitzen. Nach Opaschowski möchte der Mensch etwas *erleben* in seiner Freizeit, anstatt von Freizeitverkehr bzw. Freizeitmobilität spricht man also häufig auch von „Erlebnismobilität" (ifmo (Hrsg.) 2000, S.29). Doch nicht jede Aktivität des Freizeitverkehrs ist durch den Wunsch nach Neuem geprägt, die Erlebnisfreizeit ist nicht alles. Demgegenüber steht der Teil der Freizeitmobilität, der sich auf die Alltagsfreizeit bezieht. Mit diesen zwei Teilbereichen kann man fast alle Freizeitmobilitätsaktivitäten abdecken (ALERT 2004).

Konkrete Motive werden beim Projekt ALERT des Bundesministeriums für Bildung und Forschung (BMBF) genannt. Hier werden 4 Motivgruppen unterteilt, die eine enorme Palette an Einzelmotiven beinhalten. Die Gruppen sind *soziale Motive, Abwechslung, Autonomie und Natur.* Soziale Motive beinhalten das Bedürfnis, soziale Kontakte mit anderen Menschen herzustellen und zu pflegen, so werden mit ihnen vor allem Besuche bei Bekannten und Verwandten begründet. Der Wunsch nach Abwechslung hat –wie man sich leicht vorstellen kann- sehr unterschiedliche Aktivitäten zur Folge: Theater, Kino und Diskothek sind nur drei Beispiele. Unter Autonomie soll der Hang zur Selbstverwirklichung, Freiheit und Unabhängigkeit verstanden werden, wohingegen sich das Natur-Motiv eigentlich von selbst erklärt. Ein attraktives Landschaftsbild und bessere Luft werden hier als erstrebenswert angesehen. Dominierend unter diesen Motiven ist der Wunsch nach

*Abwechslung* und das sowohl für die Alltags- als auch die Erlebnisfreizeit. Hiermit werden jeweils knapp 40% aller Freizeitaktivitäten begründet. Auf das Abwechslungsmotiv folgen die *sozialen Motive*, die sich stärker auf die Alltagsfreizeit beziehen und neben 45% hierbei immerhin noch bei etwa 20% der Erlebnisfreizeitsaktivitäten als Begründung dienen. Das *Natur*-Motiv, bei dem die Erlebnisfreizeit im Vordergrund steht, liegt mit etwa 30 beziehungsweise unter 10% deutlich abgeschlagen dahinter, jedoch noch klar vor dem Motiv der *Autonomie*, welches sich auf beide Freizeitbereiche mit knapp 5% gleichermaßen verteilt (aus Abb.3: ALERT 2004, S.13).

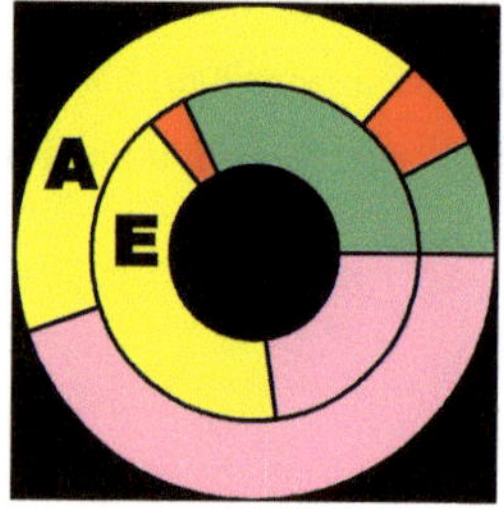

Abbildung 1: Anteil von Motiven für Alltagsfreizeitsaktivitäten A und Erlebnisfreizeitsaktivitäten E (eigene Abbildung nach Fastenmeier aus Hautzinger (Hrsg.) 2003)

Fastenmeier teilt die Ansicht dieser vier Motivbereiche, das Abwechslungsmotiv bezeichnet er mit „Erregung als Skala zwischen Furcht und Neugier" (Hautzinger (Hrsg.) 2003, S.61). In Abbildung 1 wird die Bedeutung der einzelnen Motivbündel für Erlebnis- und Alltagsfreizeit noch einmal grafisch dargestellt mit den von Fastenmeier gegebenen Werten.

Eine andere Einteilung in Kategorien erfolgt bei Echterhoff, er teilt die Motive in zwei Gruppen: Der „Defizitansatz" (Brannolte et al (Hrsg.) 1998, S.91), beinhaltet diejenigen Motive, die zu einem Ausgleich eines Mangels beliebiger Art führen sollen. Als Beispiel kann hier der Mangel an Bewegung oder der Mangel an Geborgenheit genannt werden. Die Gruppe des „Hedonistische[n] Ansatz[es]" (Brannolte et al (Hrsg.) 1998, S.91) hingegen geht von einem Wunsch nach Verbesserungen und Erweiterungen aus. So sollen durch die durchgeführte Freizeitaktivität etwa soziale Beziehungen erweitert oder die eigene Selbstachtung verbessert werden.

Wenn man von Motiven beim Freizeitverkehr spricht, so gibt Fastenmeier (in Hautzinger (Hrsg.) 2003) zu beachten, dass nicht jede Aktivität von einem einzelnen Motiv ausgehen muss, sondern dass es häufig mehrere Motive für eine Freizeitaktivität gibt. So kann beispielsweise die Teilnahme am Lauf einer Lauftreffgruppe mit allen obigen Motivkategorien nach ALERT begründet werden. So können dort soziale Kontakte durch

Unterhaltungen gepflegt werden, die körperliche Bewegung kann als Abwechslung zu körperunbetonter Freizeitaktivität gesehen werden und eventuell dient die sportliche Betätigung für manche zur Selbstbestimmung. Sicherlich kann aber das Laufen im Wald oder auf Feldwegen ein erstrebenswertes Naturerlebnis sein. Auf der anderen Seite kann ein Motiv aber auch genauso mehrere Aktivitäten zur Folge haben. Um dauerhafte soziale Kontakte aufzubauen bedarf es in den meisten Fällen mehr als nur eine Aktivität, so können neben Sport auch Restaurant- und Discothekenbesuche sowie private Treffen diesem Zweck dienen, um nur ein Beispiel zu nennen.

Zusätzlich zu diesen 4 Motivgruppen taucht bei Götz und Schubert (ifmo (Hrsg.) 2003) ein weiteres Motiv auf, das nicht in diese Kategorien passt, nämlich die „Abgrenzung zu „anderen Zeitsphären"(ifmo (Hrsg.) 2003, S.34). Gemeint ist damit die Ansicht einiger Menschen, dass Freizeit zu Hause nur schwer als wirklich freie Zeit zu verbringen ist, da die Hausarbeit dort ‚allgegenwärtig' ist. So muss, um Freizeit zu erleben, das eigene Zuhause verlassen werden. Opashowski geht noch einen Schritt weiter: Nicht nur das *Ankommen am Ziel* oder das *Wegkommen durch die Flucht* werden bei ihm als Motiv genannt, um mobil zu werden. Er nennt als weiteres wichtiges Motiv, die Lust am *Erlebnis, unterwegs zu sein.* (ifmo (Hrsg.) 2000 S.37). Letzteres wird seinen Ausführungen zufolge häufig vernachlässigt, stellt aber doch einen nicht unwesentlichen Teil an den Ursachen für Freizeitverkehr dar.

Zusammenfassend soll hier noch einmal Opashowski zitiert werden: „In einer Mischung aus Lust und Flucht, Freiheit und Einsamkeit, Stress und Langeweile befriedigt die Freizeitmobilität unterschiedliche Erlebnisbedürfnisse." (ifmo (Hrsg.) 2000, S.36)

Motive sind allerdings nicht nur bedürfnisabhängig. Sie sind auch weder starr noch unveränderbar. Echterhoff erläutert in seinem „Interaktionalen Ansatz" (Brannolte et al (Hrsg.) 1998, S.92f) den Zusammenhang zwischen den drei sich gegenseitig beeinflussenden Größen *Personenmerkmale, situative Gegebenheiten und Rahmenbedingungen* (ebd.), aus denen letztlich erst Motive für Freizeitaktivitäten und damit –mobilität hervorgehen. *Personenmerkmale* fassen die Besonderheiten eines einzelnen Individuums zusammen, seine Gewohnheiten, aber auch kurzfristig veränderbare Werte wie zum Beispiel seine aktuelle Laune. *Situative Gegebenheiten* beinhalten mehr oder weniger spontane Einwirkungen von außen auf die Entscheidungsfindung, wie etwa die Einladung von Bekannten oder das Lesen eines Plakates für ein Event. Als dritte Größe verbleiben noch die *Rahmenbedingungen*, die das überhaupt vorhandene Angebot an Aktivitäten und das zur Verfügung stehende Zeit- oder finanzielle Budget mit einschließen. Die gegenseitige Beeinflussbarkeit dieser Größen ist offensichtlich. Motive sind also nicht ausschließlich bestimmt durch Bedürfnisse, sondern richten sich immer auch nach dem äußeren Rahmen.

### 4.1.2 Verkehrsmittelwahl

*Für die Auswirkungen, die der Freizeitverkehr auf Umwelt, Wirtschaft, Gesellschaft oder Stadtbild hat, ist die Wahl der entsprechenden Verkehrsmittel von großer Bedeutung. Ob Strecken zu Fuß, auf dem Fahrrad, im Auto oder in der Bahn zurückgelegt werden, hat unmittelbare und mittelbare Folgen.*

### 4.1.2.1 Fahrrad und zu Fuß

Das älteste Verkehrsmittel der Menschheit ist ein sehr nahe liegendes, wenn auch oft vergessenes. Das Gehen *zu Fuß* bietet einige Vorteile: Man ist dabei unabhängig von jeglicher Technik der modernen Welt und trägt zumeist positiv zur eigenen Gesundheit bei. Zudem wird die Umwelt bestmöglich geschont. Probleme dabei sind allerdings der relativ hohe Zeitaufwand, um etwas längere Strecken zurückzulegen und der mangelnde Komfort, insbesondere bei schlechtem Wetter. Das *Fahrradfahren* ist ebenfalls eine sehr umweltschonende Möglichkeit, um eine Strecke zurückzulegen. Gerade im städtischen Bereich stellt das Fahrrad eine gute Alternative zum MIV dar. Oft können Strecken so sogar schneller zurückgelegt werden und auch die Parkplatzsuche entfällt. Auf den Begriff ‚Fahrradstadt' sei hier vorerst nur am Rande verwiesen (siehe auch Abschnitt 4.4). Zudem ist Fahrradfahren ebenfalls gesund, jedoch genauso wetterabhängig wie zu Fuß zu gehen. Als reines Transportmittel ist diese Art der Fortbewegung aufgrund ihrer Nachteile insgesamt rückläufig, wohingegen der Autoverkehr zunimmt. Diese Zunahme des motorisierten Individualverkehrs ist „in erster Linie als Ersetzen von Fußwegen und Fahrradfahrten durch das Auto" (Elineau et al (Hrsg.) 2001, S.85) zu verstehen.

Im Freizeitbereich hingegen stehen gerade beim zu Fuß gehen und beim Fahrradfahren häufig nicht die überwundenen Strecken im Vordergrund. Spaziergänge und Fahrradtouren [aber auch beispielsweise Ausritte mit Pferden] sind Freizeitaktivitäten, die in vielerlei Hinsicht positiv bewertet werden können, für die allerdings besonders im urbanen Raum die Möglichkeiten fehlen. So kommt es häufig zu Aussagen wie die Überschrift von Martinis Beitrag zum Freizeitverkehr: „Ich fahr' mal schnell zum Joggen" (ifmo (Hrsg.) 2000, S.71).

Neben Fahrradfahren und dem zu Fuß gehen, gibt es noch weitere nicht motorisierte Fortbewegungsmittel, die für den Freizeitverkehr eine wichtige Rolle spielen können. Besonders Jugendliche nutzen häufig die Möglichkeit und bewegen sich mit Inlineskates oder Skateboards fort. Allerdings ist auch dies sehr stark angebotsabhängig (auch hier sei auf 4.4 verwiesen).

### 4.1.2.2    Öffentlicher Personennahverkehr (ÖPNV)

Im Gesetz zur Regionalisierung des öffentlichen Personennahverkehrs des Bundesministeriums der Justiz wird der ÖPNV so definiert: „Öffentlicher Personennahverkehr im Sinne dieses Gesetzes ist die allgemein zugängliche Beförderung von Personen mit Verkehrsmitteln im Linienverkehr, die überwiegend dazu bestimmt sind, die Verkehrsnachfrage im Stadt-, Vorort- oder Regionalverkehr zu befriedigen. Das ist im Zweifel der Fall, wenn in der Mehrzahl der Beförderungsfälle eines Verkehrsmittels die gesamte Reiseweite 50 Kilometer oder die gesamte Reisezeit eine Stunde nicht übersteigt." (Bundesministerium der Justiz 2007)

Der ÖPNV beinhaltet als wichtigste Bestandteile Bus-, Straßenbahn-, S-Bahn- und U-Bahnlinien. Dazu kommen je nach geografischen Gegebenheiten Fähren oder Schwebebahnen und spezielle Einrichtungen wie Ruf-Taxis oder Ähnliches. Er besitzt zumindest in Städten größere Kapazitäten als der MIV und benötigt geringere Flächen, um ihn zu betreiben. In kleineren Städten oder Dörfern ist er jedoch oft keine günstige Alternative. Zur Betreibung werden häufig staatliche Zuschüsse benötigt, da eine Finanzierung sonst nicht mit konkurrenzfähigen Fahrpreisen möglich wäre. Zudem werden die öffentlichen Nahverkehrsmittel von etwa 2/3 der Befragten als „sind zu teuer", „fahren nicht häufig genug", „sind im Berufsverkehr überfüllt", „sind unbequem", „[sind] zu zeitaufwändig" „sind zu unflexibel" und „sind nachts kaum verfügbar" (Spiegel-Verlag, Augenstein (Hrsg.) 1993, S.112f) kritisiert. Hier sieht man gleich einige Schwierigkeiten, des ÖPNV und Ansatzpunkte für mögliche Verbesserungen. Als Positivargumente werden vor allem „umweltfreundlich", „keine Parkplatzsuche", „zügiges Vorankommen", „bequem", „kostengünstig" und „weniger Stress" (Spiegel-Verlag, Augenstein (Hrsg.) 1993, S.118) genannt. Auffällig ist die subjektive Bewertung des einzelnen, Vorteile und Nachteile sind oft mit gleichen Argumenten begründet.

### 4.1.2.3 Motorisierter Individualverkehr (MIV)

Den wohl bedeutendsten Anteil am Freizeitverkehr nimmt der motorisierte Individualverkehr ein. Darunter fallen auch Mofas, Mopeds und Motorräder, den weitaus größten Teil davon machen allerdings die PKW aus. Der Anteil der ausschließlichen PKW-Mitfahrer ist dabei sehr gering. Der PKW ist das mit Abstand meistgenutzte Verkehrsmittel und ermöglicht nach Ronellenfitsch, dessen Überzeugung von Knoepffler sinngemäß wiedergeben wird, erst „einen freien Fluss von Informationen, die Wahrnehmung der

Grundrechte auf Versammlungsfreiheit, auf Berufswahl, auf Gewerbebetrieb usw."
(Steinkohl et al (Hrsg.) 1999, S.44). Mit anderen Worten: Der PKW ist heute für den
Menschen in unserer Gesellschaft notwendig, um seine Grundrechte auszuüben. Die
Formulierung eines „Grundrecht[s] auf das Autofahren" (Steinkohl et al (Hrsg.) 1999, S.44)
geht Knoepffler dann aber etwas zu weit. Dennoch ist der PKW aus unserer heutigen
Gesellschaft wohl kaum wegzudenken. Im Schnitt fuhr jeder Deutsche im Jahr 2004 zwei
Mal am Tag mit dem Auto und legte im Jahr 11.000 Kilometer zurück (Statistisches
Bundesamt Deutschland (2006): S.30). Der MIV gibt dem Menschen ein enormes Maß an
Unabhängigkeit und Mobilität, allerdings zu keinem geringen Preis. Überlastung von
Straßen, Staus, mangelnde Parkplätze und Umweltverschmutzung sind Probleme, die
heutzutage jedem bekannt sein dürften. Dennoch möchte kaum einer auf seinen PKW
verzichten, Rudinger und Jansen erläutern eine „subjektive Bindung an das Auto" (ifmo
(Hrsg.) 2003, S.72), die die feste Überzeugung besonders älterer Menschen widerspiegelt,
ohne PKW die gewünschten Freizeitaktivitäten nicht oder nur mit sehr großer Mühe
ausführen zu können. So hat mehr als jeder zweite Deutsche ein Auto (ifmo (Hrsg.) 2000),
Tendenz steigend. Und obwohl das Problem der Umweltbelastung durch die PKW-
Emissionen laut Opashowski (ebd.) weitgehend bekannt ist, wachsen auch die
zurückgelegten Kilometer in der Freizeit mit dem PKW immer weiter an. Und solange das
Auto weiter als „Symbol persönlicher Freiheit und Unabhängigkeit" (ifmo (Hrsg.) 2000,
S.31) gilt, wird dieser Trend anhalten.

### 4.1.2.4 Eisenbahn, Reisebus, Schiff, Flugzeug

Den sehr unterschiedlichen Verkehrsmitteln Eisenbahn, Reisebus, Schiff und Flugzeug
kommt -wenn man wie in Abschnitt 2 vorgenommen- den Urlaubsverkehr vom
Freizeitverkehr ausnimmt, nur eine relativ geringe Bedeutung im Umfang der
Themenstellung zu. Daher können sie hier als Komplex betrachtet werden. Für zukünftige
Betrachtungen und Prognosen sollte man aber den Flugverkehr im Freizeitbereich nicht
ganz aus den Augen verlieren. Das Umweltbundesamtes (2005) weist in einer Publikation
darauf hin, dass die Flugreisen zwar 2000 weniger als 1% der Freizeitwege ausmachten,
andererseits sich aber der Anteil der Freizeitreisen am Flugverkehr von 1996 bis 2000 auf
immerhin 6% verdreifachte. Eine mögliche Ursache sind Billigfluglinien, die es einer
breiteren Masse ermöglichen, Kurzreisen zu Shoppingzwecken oder Ähnlichem
durchzuführen. Meist werden diese Transportmöglichkeiten im Freizeitbereich nur bei
längeren Urlaubsreisen in Anspruch genommen. Im Berufsverkehr, der  allerdings hier
nicht Gegenstand der Betrachtung sein soll, kann insbesondere das Flugzeug aber

dennoch auch bei Kurzreisen eine wichtige Rolle spielen.

### 4.1.2.5 Anteile der angeführten Verkehrsmittel an Freizeitwegen

Von 1976 bis 1994 ist der Personenverkehrsaufwand in Westdeutschland um etwa ein Viertel auf 324 Mrd. Pkm gestiegen (Umweltbundesamt S.18: Tabelle 2). Die herausragende Stellung des MIV wurde bereits angesprochen. Den Daten des Umweltbundesamts zufolge (2003, S.19: Tabelle 3 und Tabelle 4) macht er vom Freizeitverkehr in der Anzahl der Wege etwas mehr als die Hälfte aus, 1998 waren es 52%. Von 1979 bis 1998 war dabei ein Zuwachs von etwa 3% zu verzeichnen. Beim Verkehrsaufwand liegt der MIV sogar mit über vier Fünfteln unangefochten vorn. Fuß- und Radwege waren in der Anzahl um 2% im selben Zeitraum rückläufig, nahmen aber 1998 noch 42% an der Gesamtanzahl ein. Beim Verkehrsaufwand lagen sie aufgrund der häufig sehr kurzen zurückgelegten Strecken jedoch nur bei 7%. Ein rückläufiger Trend ist hierbei nicht zu beobachten. Der ÖPNV hat lediglich einen sehr geringen Anteil an den Gesamtstrecken im Freizeitverkehr. Nur etwa jeder zwanzigste Weg wird mit dem öffentlichen Personennahverkehr bewältigt, vom Verkehraufwand waren es ‚immerhin' noch 6% 1998, wobei seit 1977 der Anteil um über 1% zurückgegangen ist.

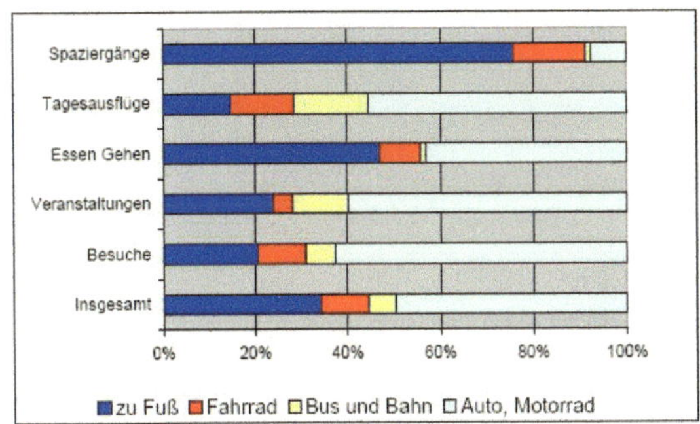


Quelle: Infas, DIW 2003: Mobilität in Deutschland 2002

Abbildung 2: Verkehrsaufteilung auf einzelne Freizeitzwecke (Umweltbundesamt 2005)

Aus Abbildung 2 ist die Aufteilung der Wege im Freizeitverkehr in Deutschland 2002 auf Verkehrsmittel für einzelne Freizeitzwecke und insgesamt ersichtlich. Da es sich um eine andere Studie als die obige handelt, sind die genauen Zahlen nicht ohne weiteres in die oben angesprochenen Entwicklungsreihe zu setzen. Abbildung 1 und demnach Infas zufolge machten Fuß- und Radwege 2002 44%, ÖPNV-Transportmittel 6% und der MIV 50% der Gesamtwegeanzahl aus. Das entspricht etwa obigen Werten, der angesprochene Trend kann damit aber nicht widerlegt oder unterstrichen werden. Die Werte von 1998 wurden in Abbildung 3 veranschaulicht.

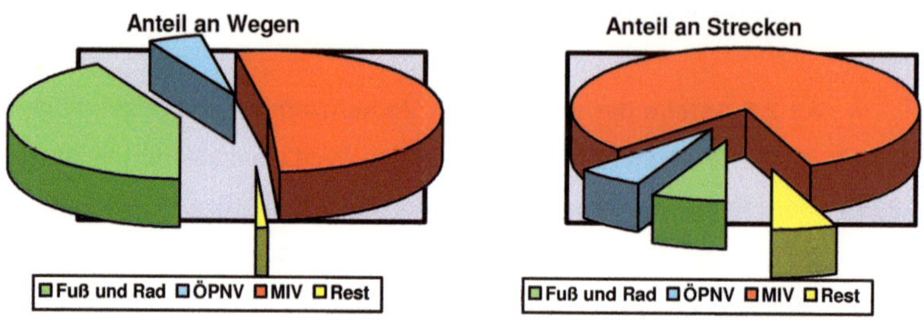



Abbildung 3: Anteil an Anzahl der Wege und Anteil an Strecken des Freizeitverkehrs 1998 in Deutschland (eigene Abbildung aus Werten vom Umweltbundesamt 2003)

Dass die Hälfte der Wege und vier Fünftel der zurückgelegten Strecken mit dem MIV erfolgt, kann sicherlich als Problem gesehen werden. Immerhin legte 1994 jeder Deutsche im Schnitt 4.755 km im Freizeitbereich per MIV zurück (eigene Berechnung aus Zahlen des Umweltbundesamt 2003, S.21:Tabelle 7). Die meisten Probleme, die der Freizeitverkehr zur Folge hat, resultieren aus der MIV-Nutzung, das liegt vor allem an dessen hohem Flächen- und Energieverbrauch, der in Abbildung 4 dargestellt ist.

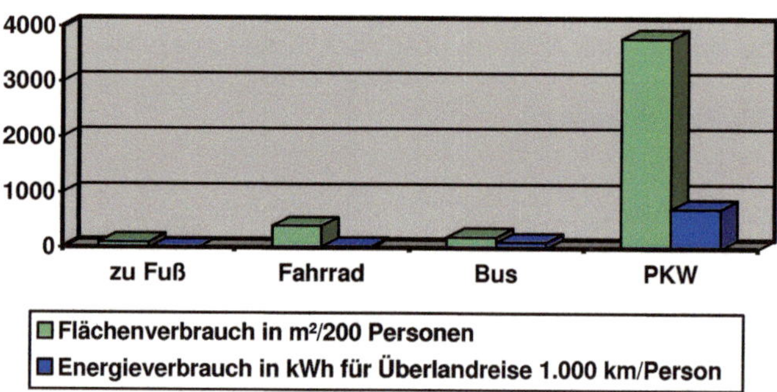



Abbildung 4: Flächen- und Energieverbrauch einzelner Verkehrsmittel (eigene Abbildung aus Werten von Schröter 2003)

Ob allerdings ÖPNV-Mittel in der momentanen Form wirklich geeignete Alternativen zur Entlastung von Straßen und Umwelt darstellen, sei dahingestellt. Ohne ein generelles Umdenken ist ein deutlicher Wandel in der Verkehrsmittelwahl jedenfalls vorerst nicht zu erwarten.

### 4.1.3 Ziel- und Routenwahl

Für Verkehrsprognosen und -strategien ist es wichtig abschätzen zu können, wohin und über welche Routen Menschen in ihrer Freizeit zu fahren pflegen. So kann der Verkehr und dessen Entwicklung einfacher simuliert und der Verkehrsfluss des MIV verbessert werden, um Kosten und Zeit für Verkehrsteilnehmer zu sparen. Das Forschungsprojekt SURVIVE des Bundesministeriums für Wirtschaft und Technologie (2003) beschäftigte sich unter anderem mit der Routenwahl und mit Entscheidungen einzelner Verkehrsteilnehmer. Als wesentliches Ergebnis der Untersuchungen konnten eindeutige rationale Entscheidungen der Verkehrsteilnehmer, wie sie bisher in anderen Modellen angenommen wurden, widerlegt werden. Verkehrsteilnehmer reagieren in ihrer Routenwahl sehr differenziert auf Verkehrsinformationen, werden also auf unterschiedliche Art und Weise beeinflusst. So treten ganz verschiedenartige Strategien auf. Einige Fahrer wechseln die Route bei langer Fahrtzeit in der Überzeugung, die Alternativroute sei damit schneller befahrbar. Andere rechnen mit genau dieser Überlegung bei anderen Fahrern und behalten deswegen die Route auch bei relativ langer Fahrtdauer auch für die nächste Fahrt bei. Wieder andere entscheiden jedes Mal neu und damit schwer vorhersagbar. Es wurde zudem gezeigt, dass der Einfluss der eingespeisten Informationen über die Wegstrecken [wie Baustellen etc.] die Verkehrslage wesentlich stabilisiert. Die Routenwahl erfolgt zudem stark in Abhängigkeit von Routinen, wie im nächsten Kapitel noch thematisiert werden soll.

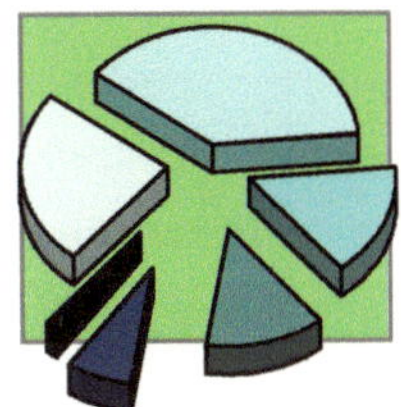
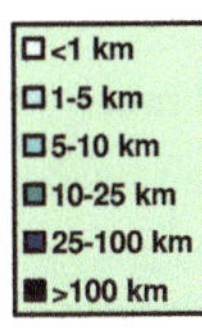


Abbildung 5: Anteile der Anzahl der Freizeitwege bestimmter Längen an der Gesamtanzahl (eigene Abbildung nach Umweltbundesamt 2003)

Die Ziele der Freizeitverkehrswege sind größtenteils in naher Entfernung, so entfallen 63% der etwa 37.200 bei einer Untersuchung von Infas festgehaltenen Freizeitwege (eigene Berechnung nach Umweltbundesamt 2005, S.37: Abbildung 4.2) auf Strecken unter 5 km und nur etwas mehr als 1% der Wege erstrecken sich über mehr als 100 km.

Zuletzt sei an dieser Stelle auf die konkreten Ziele der Freizeitwege hingewiesen, die in Abbildung 6 dargestellt sind. Die Zahlen hierfür stammen aus Karg et al (ifmo (Hrsg.) 2000). Es liegt eine Umfrage mit einem Umfang von 3.606 Wegen zugrunde.

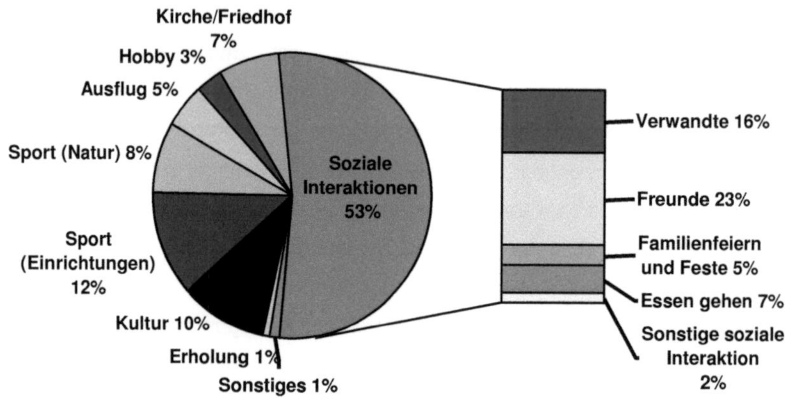


Abbildung 6: Konkrete Ziele der Freizeitverkehrswege (eigene Abbildung nach Karg et al in ifmo 2000)

Die Abbildung ist an sich selbsterklärend. Auffällig ist, dass mehr als die Hälfte der Freizeitwege ausschließlich Besuche und Aktivitäten mit anderen Menschen zum Ziel haben.

### 4.1.4 Rolle von Routinen

Routinen und Gewohnheiten spielen bei den Entscheidungen für Freizeitaktivitäten, dabei benutzten Verkehrsmitteln und Routen eine wichtige Rolle. Routinen liegen dann vor, wenn das Treffen einer Entscheidung zu Aktivität, Transportmittel oder Route automatisch erfolgt, ohne dass Alternativen abgewogen werden. Lanzendorf erweitert den Routinebegriff um diejenigen Handlungen, die in fast allen Fällen durchgeführt werden (Gather, Kagermeister (Hrsg.) 2002). Mit dieser erweiterten Definition kommt er in seiner Studie auf einen Routinewert von 31% bei der Auswahl der Freizeitaktivität, bei der Wahl des Verkehrsmittels dafür sind es sogar ganze 78% (ebd., S.30:Tabelle 4). Als Erklärung für den enorm hohen Routinegrad bei der Verkehrsmittelwahl nennt er die alltägliche Nutzung der Verkehrsmittel, die nicht nur im Freizeitbereich erfolgt. Auch Fastenmeier (in Hautzinger (Hrsg.) 2003) kommt zu dem Schluss, dass die Entscheidung für sowohl Verkehrmittel als auch Routen bei Freizeitaktivitäten überwiegend automatisch erfolgen. Besonders oft wird routiniert auf den PKW zurückgegriffen ohne über günstigere Alternativen nachzudenken. Beim ÖPNV geschieht dies zwar auch, aber nicht ganz so häufig (ALERT, 2004). Die Wahl von Ort und Zeit für die Aktivität werden hingegen eher geplant oder erfolgen spontan. Die Freizeitaktivitäten, die ganz besonders hoher

Automatisierung unterworfen sind, sind nach ALERT (2004, S.15: Abbildung 4) Sport und ehrenamtliche Tätigkeiten, am anderen Ende der Skala finden sich Spazierfahrten und kulturelle Aktivitäten. Dies ist damit zu erklären, dass der Rahmen für erstere zumeist klar definiert und kaum abänderbar ist, so sind Zeit und Ort in den meisten Fällen schon vorgegeben und lassen keinen Freiraum für Planung und Spontaneität.

| Wahl von | Alltagsfreizeit | Erlebnisfreizeit |
|---|---|---|
| *Ziel* | 19 | 9 |
| *Tag* | 10 | 5 |
| *Zeit* | 12 | 8 |
| *Route* | 65 | 48 |
| *Verkehrsmittel* | 72 | 73 |

Tabelle 1: Anteile der Routineentscheidungen in Alltags- und Erlebnisfreizeit (eigene Tabelle mit Werten von Lehnig in Hautzinger (Hrsg.) 2003)

Tabelle 1, die auf Werten von Lehnig (in Hautzinger (Hrsg.) 2003, S.81: Abbildung 1 und Abbildung 2) beruht, zeigt den Anteil von Routineentscheidungen im Entscheidungsprozess einer Freizeitaktivität. Alltags- und Erlebnisfreizeit unterscheiden sich dabei zwar nicht ganz unwesentlich um einige Prozentpunkte, die Tendenz ist aber bei beiden ähnlich. Wie oben bereits ausgeführt ist der Routineanteil bei der Routen- und Verkehrsmittelwahl mit 48 und 65 % beziehungsweise 72 und 73% enorm hoch.


### 4.2 Tatsächlicher Umfang des Freizeitverkehrs

*Der Freizeitverkehr ist das wichtigste Verkehrssegment, da er den höchsten Anteil am Gesamtverkehr ausmacht.*

### 4.2.1 Zahlen und Fakten

Auto, Verkehr und Umwelt zufolge, verbrachte 1992 der durchschnittliche Westdeutsche ab 14 Jahren 18 Stunden und 27 Minuten zu Hause, war 4 Stunden und 35 Minuten außer Haus und den Rest der Zeit, 58 Minuten, unterwegs. Diese knappe Stunde nutze er zu 2,8 Wegen, 28% davon in Ausführung von Freizeitaktivitäten, auf denen er 19 km zurücklegte (Spiegel-Verlag, Augenstein (Hrsg.) 1993 S.11). Nach ALERT sind diese Werte stark angestiegen. So ist hier die Rede von 41,8 Minuten, die allein für den Freizeitverkehr genutzt werden, insgesamt ist der Durchschnittsdeutsche sogar 105,8 Minuten unterwegs. Von den 51,8 dabei zurückgelegten Kilometern sind 20,3 im Freizeitbereich erfolgt. Das entspricht einem  prozentualen Anteil von 40% bei der Dauer und 39% bei der zurückgelegten Strecke. (ALERT 2004, S.19: Abbildung 9). Götz und Schubert kommen zu etwas geringeren Werten. So geben sie als Anteil der Länge der Freizeitverkehrswege an der zurückgelegten Gesamtstrecke 33,7 % an. Der Freizeitwegeanteil an der Gesamtanzahl der zurückgelegten Wege wird mit 34,8% beziffert (ifmo (Hrsg.) 2003 S.37: Abbildung 1, S.39: Abbildung 2). Der Freizeitanteil an den Verkehrsdistanzen wird bei Karg et al als 61,3 % von 56,2 % berechnet, welche der Unterhaltungsbereich von allen zurückgelegten Distanzen ausmacht, so ergibt dies 34,5 % (ifmo (Hrsg.) 2000, S.102). Martini spricht davon, dass 38 % aller 36 Milliarden in Deutschland 1996 durchgeführten Fahrten zum Freizeitbereich gezählt werden (ifmo (Hrsg.) 2000, S.72). Die von Opashowski angegebenen 60 %, die Freizeit-, Urlaub- und teilweise Einkaufsverkehr (Shopping etc.) vom Gesamtverkehrsaufwand ausmachen, fallen da etwas aus der Reihe (ifmo (Hrsg.) 2000, S.31). Seine grobe Angabe, dass auf einen Kilometer zurückgelegter Distanz im Berufsverkehr 2 Kilometer Freizeitverkehrsdistanz kommen (ebd.), deckt sich allerdings wieder mit den Daten des Umweltbundesamts (2003).

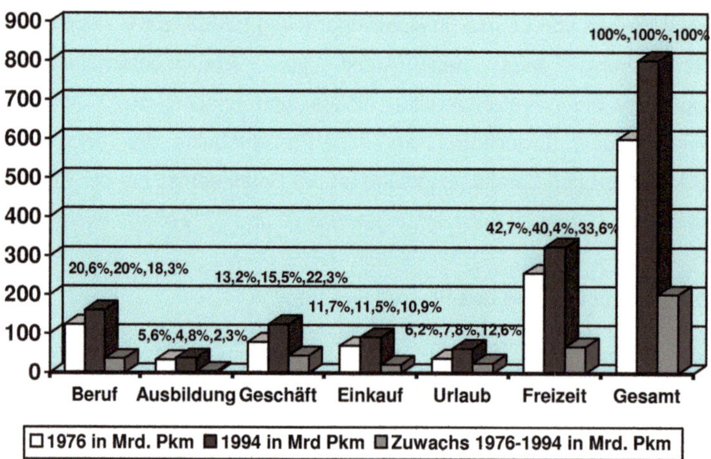



Abbildung 7: Personenverkehrsaufwand, Zuwachs und Anteile 1976 bis 1994 nach Wegzwecken (eigene Abbildung nach Umweltbundesamtes 2003)

Abbildung 7 aus Daten des Umweltbundesamtes (2003, S.18, Tabelle 2) stellt die Absolutwerte der Verkehrsumfänge 1976 und 1994 und die Absolutzuwächse in diesem Zeitraum in Westdeutschland dar. Zudem sind jeweils die prozentualen Anteile angegeben. So machte demnach der Freizeitverkehr 1994 in Westdeutschland mit 324,2 von insgesamt 802 Milliarden Personenkilometern 40,4 % aus, 1976 waren es mit 256,4 von 600,3 Milliarden Personenkilometern 42,7% (Umweltbundesamt 2003, S.18: Tabelle 2). Der relative Zuwachs des Freizeitverkehrs ist nach diesen Angaben unterdurchschnittlich, auch wenn er absolut am höchsten ist.

Die in diesem Kapitel angegebenen Werte variieren etwas, was nicht verwunderlich ist, da sie zum einen aus Messungen unterschiedlicher Jahre stammen, zum anderen manchmal eine eindeutige Zuordnung von Wegen zu den einzelnen Zwecken nicht möglich ist. Hingewiesen sei an dieser Stelle noch einmal auf die in Abschnitt 2 thematisierten Definitionsschwierigkeiten.

### 4.2.2 Entwicklungen

Es liegt also, wie eben angesprochen laut dem Umweltbundesamt (2003, 2005) kein überdurchschnittliches Wachstum des Freizeitverkehrs vor, wie oft ‚fälschlicherweise' angenommen wird. Von 1976 bis 1994 wuchs der Personenverkehrsaufwandsumfang in Westdeutschland dennoch stetig um insgesamt 26,4% (nach Abbildung 7). Die genaue Entwicklung in Zweijahresschritten für Westdeutschland von 1976 bis 1994 ist aus Abbildung 8 aus Daten des Umweltbundesamtes (2003) ersichtlich. Der einzige leichte Rückgang fand zwischen 1992 und 1994 statt. In diesem Zeitraum gab es allerdings eine deutliche Steigerung des Freizeitverkehrsumfangs in Ostdeutschland, so dass für Gesamtdeutschland auch hier ein klares Plus vorhanden ist.

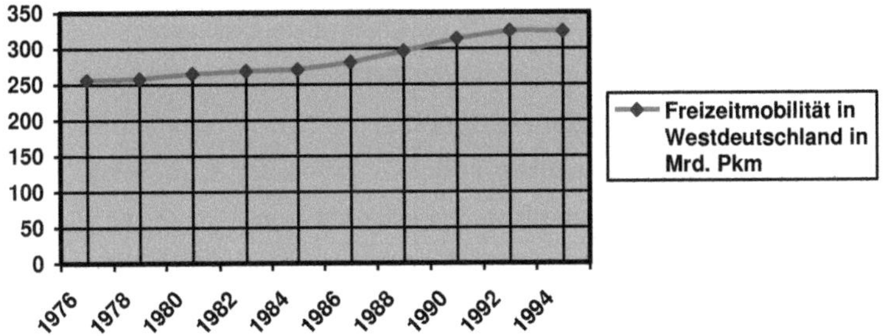


Abbildung 8: Entwicklung der Freizeitmobilität in Westdeutschland von 1976 bis 1994 (eigene Abbildung nach Umweltbundesamt 2003)

Götz und Schubert beschreiben die quantitative Entwicklung des Freizeitverkehrs als durchgehend sehr stabil und durchschnittlich. Sie beziehen sich dabei auf die KONTIV-Erhebung (ifmo (Hrsg.) 2003, S.36). So geben sie als Anteile der Freizeitwege für 1976 32,4 %, für 1982 31,9 % und für 1989 32,9 % an. Einer aktuelleren Erhebung zufolge beträgt dieser Anteil 34,8 % (ebd.).

Brannolte et al (1998) hingegen sehen im Freizeit- und Urlaubsverkehr sogar „ein schneller[es Wachstum] als [in] alle[n] andere[n] Bereiche[n] des Personenverkehrs" (Brannolte et al (Hrsg.) 1998, S.16), ohne konkrete Zahlen hierbei zu nennen.

Abgesehen von dieser rein quantitativen Entwicklung, die offensichtlich nicht ganz unstrittig ist, gibt es einige qualitative Veränderungen, die sich im Freizeitverkehr vollziehen.

Der extrem hohe PKW-Anteil an den zurückgelegten Strecken im Freizeitverkehr wurde schon mehrmals angesprochen. Doch das war noch nicht immer so. 1950 lag der PKW-Anteil am gesamten Personenverkehr noch bei 35 %, 1960 bei 63,8 % und derzeit sogar bei über 85 % (Opashowski in ifmo (Hrsg.) 2000, S.31). In jüngster Zeit erlebt der PKW einen richtigen Boom, der Bestand in Deutschland nimmt jedes Jahr um knapp eine Million zu. Bei etwa 43 Millionen PKW im Jahr 2000 besitzt im Schnitt mehr als jeder zweite Bundesbürger einen. In zehn Jahren hat der Bestand um ganze 20 % zugenommen (ebd.). Diese starke PKW-Nutzung hat sowohl positive wie auch negative Folgen. Vom Ausbau der Verkehrswege profitieren Bauwesen, Automobilindustrie und Logistik, von der zunehmenden Mobilität des einzelnen die gesamte Tourismusbranche. Auf Negativaspekte wie Umweltverschmutzung und Überlastung der Straßen soll in Abschnitt 4.3 noch eingegangen werden. Die Entwicklung ist vor diesem Hintergrund auf jeden Fall kritisch zu beobachten und zu hinterfragen. Lenkungen durch Maßnahmen in der Politik sind aber nicht ganz unproblematisch, da sie als Eingriffe in private Entscheidungen des einzelnen angesehen werden und Proteste auslösen könnten (Brannolte et al (Hrsg.) 1998). Bei einer immer mehr in den Vordergrund rückenden Klimaproblematik und einem zusammenwachsenden Europa, was auch die zurückgelegten Strecken verlängert, besteht jedoch in jedem Fall Handlungsbedarf.

Die Zunahme der Mobilität hat unter anderem flexiblere Arbeitszeiten zur Folge, welche dann wiederum auch die Freizeit flexibler gestalten lassen. So kommt es im Freizeitbereich zu einer sehr starken Individualisierung beziehungsweise einer „Pluralisierung der Lebensstile" (Lanzendorf in Gather, Kagermeister 2002, S.16), was auch durch zunehmenden Wohlstand einfacher verwirklichbar wird (Brannolte et al (Hrsg.)).

### 4.3 Probleme

*Ohne Probleme ist diese Entwicklung sicherlich nicht verbunden. Einerseits ist die Belastung für die Umwelt erheblich größer geworden, andererseits können Transportwege nicht unbegrenzt ausgebaut werden, so resultieren Probleme wie Stau und ständige Lärmbelastungen.*

### 4.3.1 Freizeitaktivitäten und Umweltverträglichkeit

In 4.1 wurde bereits auf die Anteile der Verkehrsmittel und in 4.2 auf den Umfang des Freizeitverkehrs eingegangen. So wurde ein Gesamtüberblick über den Freizeitverkehr gewonnen. Aber nicht jede Freizeitaktivität trägt in gleichem Maße zu den verursachten Problemen bei. Umweltverträglicher Freizeitverkehr bedeutet eine nachhaltige Mobilität, die so wenig Schadstoffe pro Personenkilometer wie möglich produziert und die einen möglichst geringen Flächenverbrauch aufweist. (Vgl. auch Abbildung 4 in Kapitel 4.1.2.5) Generell gelten zu Fuß, Fahrrad und die ÖPNV als unweltfreundlich. Eisenbahn, Reisebus, Schiff und Flugzeug können aufgrund des geringen Umfangs im Rahmen des Freizeitverkehrs vernachlässigt werden. So wird für Umweltverträglichkeitsuntersuchungen häufig lediglich der Teil des Verkehrs betrachtet, der mit dem MIV zurückgelegt wird. Nach ALERT (2004) sind der jeweilige Anteil des MIV an den einzelnen Verkehrsleistungen bestimmter Aktivitäten, die Anzahl der im Schnitt mitfahrenden Personen und die zurückgelegten Strecken wesentlich für die Umweltverträglichkeit der einzelnen Freizeitaktivitäten und den daraus resultierenden Handlungsbedarf. Anhand eines Beispiels soll dargestellt werden, wie eine Kennziffer für die Prüfung der Umweltverträglichkeit bei ALERT (2004, S.26: Tabelle 5) erstellt wird. Der Besuch von Bekannten oder Verwandten, der mit dem PKW durchgeführt wird, macht von allen Freizeitwegen mit dem PKW 37,6 % aus. Im Schnitt werden dabei 32,2 km zurückgelegt. Nun kann der PKW-Verkehrsaufwand als Produkt dieser beiden Werte berechnet werden und man erhält 12,107 km. Die Kennziffer ist nun als der Quotient aus PKW-Verkehrsaufwand und Besetzungsgrad zu errechnen. Letzterer gibt an, wie viele Personen bei der Freizeitaktivität durchschnittlich im Auto mitfahren. Bei Besuchen sind es 1,8. Damit ist die Kennziffer der Verwandten- und Bekanntenbesuche 6,726. Im Vergleich zu anderen ist dieser Wert enorm, jedoch nicht unbedingt überraschend, denn in Abbildung 6 wurde schon ersichtlich, dass dieser Bereich den deutlich größten Teil des Freizeitverkehrs ausmacht. Die Werte sind in Tabelle 2 ersichtlich.

| *Freizeitaktivität* | *Verkehrsaufwand/Besetzungsgrad* | *MIV-Anteil* | *Handlungsbedarf?* |
|---|---|---|---|
| *Besuche* | **6,726 km** | **54,7 %** | **Groß** |
| *Sport treiben* | **1,961 km** | **73,4 %** | **Groß** |
| *Lokal* | **0,926 km** | **59,5 %** | **Kein** |
| *Kultur* | **1,703 km** | **54,9 %** | **Etwas** |
| *Sportveranstaltung* | **0,629 km** | **62,2 %** | **Etwas** |
| *Stadtbummel* | **0,338 km** | **63,1 %** | **Etwas** |
| *Spazierfahrt* | **0,349 km** | **79,0 %** | **Etwas** |
| *Tagesausflug* | **1,475 km** | **75,9 %** | **Groß** |
| *Hobbys draußen* | **0,306 km** | **61,9 %** | **Etwas** |

Tabelle 2: Umweltverträglichkeit und Handlungsbedarf einzelner Freizeitaktivitäten (eigene Tabelle

nach ALERT 2004)

Weiterhin spielt der Anteil des MIV bei der Verkehrsmittelwahl für die einzelne Freizeitaktivität, der „Modal Split MIV-Anteil" (ebd.), eine untergeordnetere Rolle für die Umweltverträglichkeitsuntersuchung. Dieser liegt bei den Verwandten- und Bekanntenbesuchen mit 54,7 % an erster Stelle, alle anderen Aktivitäten sind hier schlechter. Der Handlungsbedarf wird nun wie folgt ermittelt: Die erste Kennziffer, der Quotient aus Verkehrsaufwand und Besetzungsgrad wird ab 1 km hell- und ab 2 km dunkelgrau unterlegt. Hellgrau bedeutet etwas Handlungsbedarf, dunkelgrau bedeutet sogar großen Handlungsbedarf. Die nicht hinterlegten Felder weisen keinen aktuellen Handlungsbedarf auf. Beim MIV-Anteil besteht ab 60 % ALERT zufolge etwas Handlungsbedarf, eine weitere Untergliederung gibt es hierbei nicht. Die rechte Spalte in Tabelle 2 gibt den Gesamthandlungsbedarf bei den einzelnen Freizeitaktivitäten in Bezug auf die Umweltverträglichkeit als ‚Summe' der beiden vorherigen Spalten an. Auffällig ist, dass neben Besuchen auch Sport treiben und Tagesausflüge aktuell sehr umweltunverträglich sind. Handlungsbedarf besteht im Übrigen bei allen Aktivitäten außer dem Lokal- oder Restaurantbesuch. Diese Ergebnisse sind in jedem Fall alarmierend.

### 4.3.2 Verursachte Probleme

Trotz dem laut Vester (1999) seit 1970 sehr stark gewachsenem Umweltbewusstsein und Verbesserungen in dieser Hinsicht im wirtschaftlichen Bereich sind –wie bereits mehrmals angesprochen– kaum rückläufige Entwicklungen im Verkehrsbereich, insbesondere auch beim Freizeitverkehr zu verzeichnen. Die Zentralisierung von Versorgung und Freizeitangeboten steht der Zersiedelung durch immer stärkere Trennung der einzelnen Lebensbereiche entgegen, weswegen immer häufiger immer weitere Wege zurückgelegt werden.

Es gibt vielerlei Probleme die der Freizeitverkehr in seiner momentanen Form nach sich zieht. Die hohe Mobilität der Menschen sowie dabei der hohe Anteil des MIV daran erzeugen einen hohen Energie- und Flächenverbrauch und einen großen Ausstoß von Schadstoffen. Daraus wiederum resultieren Umweltprobleme, Gesundheitsprobleme für die Menschen und Überlastungsprobleme, wie Stau, Verspätungen und permanenter Lärm.

Problematisch für die Umwelt ist insbesondere der Anstieg von $CO_2$-und Treibhausgas-Emissionen, die sich stark auf die aktuell sehr gegenwärtige Klimaproblematik auswirken, 16 % des $CO_2$ wird nach Vester (1999) durch PKW-Abgase verursacht. 1996 machte der Straßenverkehr zudem beim Ausstoß von Kohlenmonoxid knapp 55 %, bei Stickoxiden sogar über 60 %, bei Staub noch etwas mehr als 11 % und bei Schwefeldioxid immerhin noch ein wenig mehr als 2 % aus (Vester 1999, S.160: Abbildung). Den Daten des Statistische Bundesamtes Deutschland (2006) nach sind diese Werte allerdings stark rückläufig. Lediglich der $CO_2$-Ausstoß macht da eine Ausnahme und ist um 5 % gestiegen. Außerdem werden erhebliche Mengen an Benzol, Blei, Kohlenwasserstoffen und Ruß durch den Straßenverkehr frei. Auch werden Schwermetalle und Altöl bei Nutzung, aber auch bei Produktion und Entsorgung von Fahrzeugen, die auch für den Freizeitverkehr benötigt werden, in Grundwasser und Boden eingetragen. Bodenversiegelung und Biotopzerstörung sind weitere Probleme, die ein hoher Verkehrsaufwand vor allem durch den Straßenbau mit sich bringt und auch der verschwenderische Verbrauch von nicht-regenerierbaren Ressourcen ist eine Beeinträchtigung der Umwelt (Vester 1999, S.154f: Abbildung).

Doch der immer weiter zunehmende Verkehr wirkt sich auch negativ auf die Menschen aus. Die eben angesprochenen Schadstoffe tragen zu schlechterer Atemluft bei und auch in der Qualität von Wasser und Nahrung schlagen sich die Schadstoffe nieder. Dass gefährliches Ozon $O_3$ in Bodennähe indirekt sehr stark durch den Verkehr bedingt wird, ist für die meisten Menschen keine neue Erkenntnis. Es ist für Menschen giftig, greift Lungenbläschen und Schleimhäute an und erzeugt Kopfschmerzen. Es entsteht durch die chemische Reaktion vom durch den Verkehr emittierten Stickstoffdioxid mit Sauerstoff. Ozon schadet zudem Pflanzen, um vorherigen Abschnitt noch zu ergänzen (Vester 1999, S.130). Weiter ist permanenter Straßenlärm für die menschliche Gesundheit ebenfalls nicht gerade förderlich. So fühlen sich gerade in Städten viele Bewohner durch ständigen Lärm zusätzlich zu den Abgasen stark beeinträchtigt. Einer Untersuchung in Köln von Christmann (in Birke, Schwarz (Hrsg.) 1993, S.19: Abbildung 3) zufolge, fühlen sich durch den Straßenverkehrslärm mit fast der Hälfte der Befragten sogar noch mehr Menschen gestört als durch die auftretenden Abgase. Dass dem Industrie- und Gewerbelärm gerade mal von einem Siebtel der Bevölkerung eine derart störende Belastung zugerechnet wird, ist sicherlich auch mit der abgesonderten Lage von Industriegebieten erklärbar. Viele Menschen sehnen sich nach mehr Ruhe in ihrem Wohngebiet und nach besserer Luft. Fast drei Viertel der Kölner Bevölkerung sehen den Verkehr, besonders in den Wohngebieten als größtes Problem an (ebd.), jedoch möchte kaum einer auf den Komfort eines PKW verzichten, wie in vorherigen Abschnitten deutlich wurde.

Hektik wird für den Bewohner einer größeren Stadt ständig erzeugt durch schlechte Luft, Lärm, grelle Farben, Menschen- und Betonmassen und dadurch, den ständigen selbst auferlegten „Zwang zur Mobilität" auszuleben (Elineau et al (Hrsg.) 2003, S.114). Diese

Hektik und die Belastung des ständigen Autofahrens für das Nervensystem führen zu einem hohen Maß an Stress, der viel zu häufig nicht mehr durch Bewegung ausgeglichen wird. Die körperliche Bewegung, die der Mensch eigentlich so dringend benötigt, wird durch die scheinbare Bewegung mit dem Auto ersetzt, denn „nirgendwo sitzen wir bewegungsloser – zur Immobilität erstarrt – als hinter dem Lenkrad" (Vester 1999, S.121). Eine letzte nahe liegende Auswirkung des immer größeren Verkehrsaufkommens ist die große Anzahl von Verkehrsunfällen. Im Jahr 2005 wurden 2,225 Millionen Unfälle auf deutschen Straßen registriert. Jeden Tag starben dabei 15 Menschen im Straßenverkehr, ganze 1.188 wurden verletzt. In der Summe waren es 5.361 Tote bei einem Fahrzeugbestand von 56,3 Millionen Fahrzeugen (Statistisches Bundesamt Deutschland 2006, S.48ff).

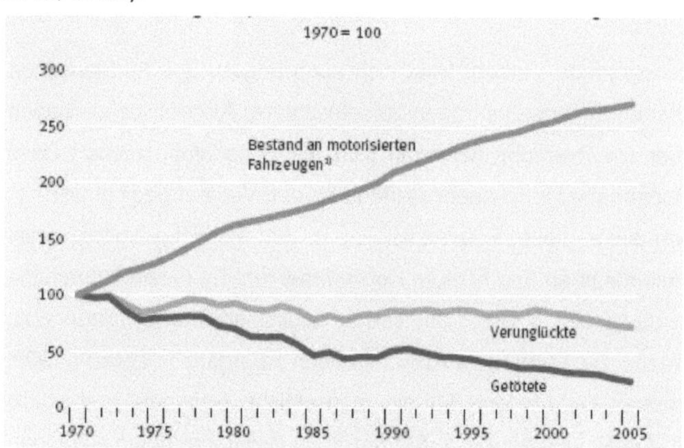


Abbildung 9: Verkehrstote und –verunglückte, sowie Fahrzeugbestand (Statistisches Bundesamt Deutschland 2006)

Dennoch ist hier ein klar positiver Trend zu verzeichnen, wie in Abbildung 9 ersichtlich wird. Es gab in den letzten Jahren immer weniger Tote und Verletzte im Straßenverkehr trotz immer mehr motorisierten Fahrzeugen. Grund dafür sind diverse Maßnahmen wie Geschwindigkeitsbeschränkung oder niedrigere Promillegrenzen, die hier aber nicht im Detail erläutert werden sollen. Zu 57 % waren die Verunglückten PKW-Insassen, Motorrad, Mofa und Moped machten weitere 12 % aus, 18 % waren Fahrradfahrer und 8 % waren zu Fuß unterwegs (ebd.).

Und auch wirtschaftlich gesehen bleibt der [Freizeit]Verkehrsaufwand nicht ohne Folgen. Neben positiven Aspekten, wie der Stärkung der Tourismus- und Automobilbranche sind auch negative Aspekte nicht zu übersehen. So sind Stau und Parkplatzmangel häufige Ursachen für Verspätungen und höheren Energieverbrauch und damit höhere Kosten. Allein durch Stau werden Prognosen zufolge Kosten von 80 Mrd. Euro in der EU verursacht, was einem Anteil von 1 % am BIP der EU entspricht. Zum Vergleich: Die Umweltkosten betragen schätzungsweise etwa 1,1 % des BIPs (ebd.). Auch die Kosten für Unfälle sind nicht unerheblich. Ob die Entwicklungen im Freizeitverkehr wirtschaftlich insgesamt mehr Vorteile oder Nachteile mit sich bringen, ist schwer abzuschätzen und je nach Perspektive auch nicht eindeutig und soll im Rahmen dieser Arbeit nicht näher erörtert werden.

### 4.4 Mögliche Maßnahmen zur Verbesserung der momentanen Situation

*Wenn es nach Schröter (2003) und Abbildung 10 geht, dann sieht der Umgang mit dem motorisierten Verkehr auf den ersten Blick ziemlich einfach aus. Was möglich ist, soll vermieden werden und durch umwelt-, energie- und nervenschonendere Verkehrsmittel wie Fahrrad und zu Fuß ersetzt werden. Vom verbleibenden MIV soll möglichst viel auf die ÖPNV umgelagert werden und was dann noch übrig bleibt, soll in einem dritten Schritt durch verbesserte Technologien so umweltverträglich wie möglich gestaltet werden. Dies ist allerdings nur ein grobes Ziel für die Politik, wie die einzelnen Schritte beziehungsweise Stufen erreicht werden sollen, wird hieraus noch nicht ersichtlich. Notwendig sind auf jeden Fall ein Aufbrechen der in 4.1.4 angesprochenen  Routinen und eine verstärkte Forschung nach weiteren Alternativen.*

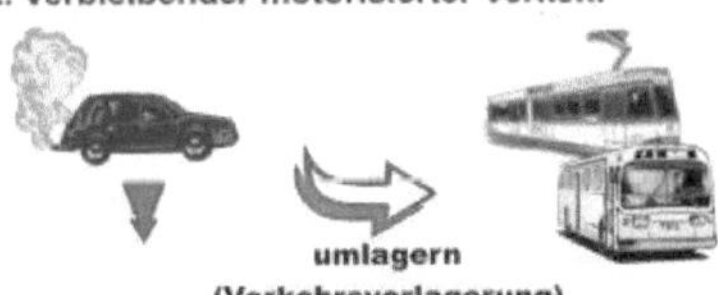

Abbildung 10: „Nachhaltige Verkehrspolitik" (Schröter 2003)

*Es gibt eine ganze Reihe von Überlegungen und Ansätzen, um den Freizeitverkehr umweltverträglicher und weniger gesundheitsschädlich zu machen. Allein in den Ausführungen des Bundesamtes (2003) sind ganze 84 aufgelistet. Die im Folgenden angeführten stellen nur eine Auswahl dar und sind beliebig ergänzbar. Als Überschriften sollen hier die Bezeichnungen der drei angestrebten Schritte in der Verkehrspolitik nach Schröter (2003) verwendet werden.*

### 4.4.1 Verkehrsvermeidung

Unter Verkehrsvermeidung versteht man alle Maßnahmen, die zu einer Verkürzung der zurückgelegten Freizeitwege führen. Dies geschieht entweder durch kürzere Wege zu den angestrebten Zielen, die mit dem MIV zurückgelegt werden oder durch gänzlichen Verzicht auf den MIV als Verkehrsmittel zugunsten von Fahrradfahren und Zufußgehen. Auch werden Maßnahmen dazu gezählt, die einen Freizeitweg ganz unnötig machen.

Eine Möglichkeit, den häufigen Gebrauch des PKW zu reduzieren ist es, die Attraktivität des Autos zu vermindern. Vester (1999) zählt 20 Funktionen auf, die das Auto zusätzlich zu seiner ursprünglichen Transportfunktion besitzt. Diese Funktionen sind sicherlich auch subjektiv und gelten nicht für jedes Auto und jeden Menschen, jedoch wird das Auto häufig genug als Statussymbol, Spielzeug, Sportgerät, Zeitvertreib oder ‚Verführungsmittel' zweckentfremdet. Würden diese Zusatzfunktionen reduziert, könnte auch die Attraktivität des PKW gegenüber anderen Verkehrsmittels damit gemindert werden. Schallaböck (in Birke und Schwarz (Hrsg.) 1993) nennt ebenfalls eine Reihe von Möglichkeiten, das Autofahren unattraktiver zu machen entgegen dem bisherigen Trend „billiger, bequemer und schneller" (ebd., S.93). Dazu zählen Geschwindigkeitsbeschränkungen, eine Erhöhung der Kosten für PKW und Treibstoff, eine Erschwerung der Zugänglichkeit und eine Verminderung des Komforts.

Der PKW wäre auch schon ein wesentlich umweltfreundlicheres Verkehrsmittel, wenn sein durchschnittlicher Besetzungsgrad erhöht würde. So haben Fahrgemeinschaften, ob privat oder durch Anbieter organisiert, genau dies zur Folge. Für die Teilnehmer entstehen Kosteneinsparungen und der Energieverbrauch und Schadstoffausstoß werden gesenkt. Carsharing macht es möglich, kurzfristig und auch für geringe Distanzen und Dauer ein Auto unkompliziert an zentralen und gut erreichbaren Orten wie beispielsweise Bahnhöfen zu mieten und nach Gebrauch zurückzubringen. Ein Beispiel für professionelles Carsharing ist die Firma Stadtmobil, die unter anderem in Karlsruhe stark vertreten ist, mit „mehr Carsharing-Fahrzeuge[n] pro Einwohner als [in jeder anderen Stadt Deutschlands]" (Stadtmobil Carsharing 2007), sowohl für private als auch gewerbliche Nutzung. Stadtmobil bewirbt das Konzept mit den Worten: „Ein Auto zu besitzen bedeutet für viele, sich frei und unabhängig bewegen zu können. Bei Stadtmobil wissen wir: Langjährige

Erfahrungen mit CarSharing zeigen, dass in nahezu allen Fällen ein Auto zur Verfügung steht. Dafür entfällt die tägliche Parkplatzsuche, der Ärger mit der Werkstatt, dem TÜV und der Versicherung" (Stadtmobil Carsharing 2007). Außerdem treten keine Fixkosten für das Halten eines Autos auf. Die Firma konnte mit diesem Konzept schon mehr als 4400 dauerhafte Teilnehmer werben und wurde sogar mit dem ‚Umweltpreis 1997 für nichtkommerzielle Organisationen' von der Stadt Karlsruhe ausgezeichnet. Tatsächlich kann so die Anschaffung eines PKW für viele unnötig gemacht werden.

Der Anteil des MIV am Modal Split des Freizeitverkehrs kann aber auch durch Aufwertung des Fahrradfahrens und des Zufußgehens gesenkt werden. Während das Zufußgehen nur für kürzere Strecken als wirkliche Alternative zum MIV gelten kann, ist das Radfahren in besonders in Städten häufig sogar mit weniger Zeitaufwand verbunden, als das Benutzen eines PKW. Fußgängerwege können dem Umweltbundesamt (2003) zufolge aufgewertet und verbessert werden, indem sie übersichtlicher, besser beleuchtet, sicherer und breiter angelegt werden. Zudem führt eine Trennung von Rad- und Fußwegen zu einer Aufwertung und auch spezielle Fußgängerstadtpläne können die Attraktivität von Fußwegen steigern. Radwege profitieren ebenfalls durch Ausbau und Trennung von Fußwegen, zudem ist es an einigen Stellen möglich, den Fahrradfahrern Vorfahrt gegenüber dem sonstigen Straßenverkehr zu gewähren, was das Radfahren angenehmer werden lässt. Wie sich zahlreiche Sonderregeln für die Fahrradfahrer im Verkehr positiv auf den Modal Split auswirken können, zeigt sich am Beispiel Münster. Die schon mehrmals ausgezeichnete ‚Fahrradstadt' weist einen erheblichen Fahrradanteil an den zurückgelegten Wegen und Strecken auf. Auch Karlsruhe bezeichnet sich selbst als ‚Fahrradstadt'. Als sechste Stadt bietet Karlsruhe seit August 2007 den Service ‚Call a Bike' von DB Rent an. Dieser ermöglicht den Bewohnern und Gästen der Stadt eines von 350 Fahrrädern im Kernbereich für 8 Cent die Minute mindestens für die nächsten 3 Jahre [abgesehen von der Winterpause] per Anruf zu mieten (Stadt Karlsruhe 2007). Wenn man den Prototyp eines „zukunftsträchtige[n] Verkehrssystem[s]" (Vester 1999, S.143) sucht, dann lohnt sich ein Blick nach China, wo Fahrradwege bis zu 8 Meter breit und zahlreiche „Bike-and-Ride-Stationen" (ebd.) vorhanden sind.

Freizeitaktivitäten vor Ort können Freizeitwege ersparen. So sind besonders für Jugendliche aber auch junge Erwachsene Skateparks oder Events wie beispielsweise kostenlose Live-Konzerte oder die „Skate Night Karlsruhe" (Stadt Karlsruhe 2007) oft gute Möglichkeiten, die Freizeit in direkter Nähe der eigenen Wohnung zu verbringen ohne auf Abwechslung verzichten zu müssen.

Eine eher umstrittene Vision oder Wunschvorstellung, Freizeitwege komplett unnötig zu machen liegt in der modernen Computertechnologie. So sollen virtuelle Welten das Reisen und die wirkliche Mobilität ersetzen. Isenberg referiert in ifmo (Hrsg.) 2000 über „Virtuelles Reisen als kulturelle Erfahrung", Shaw vom ZKM aus Karlsruhe spricht von „Vergnügungsreise[n] im Cyberspace" (ebd.) und auch Steinkohl (ebd.) und das Umweltbundesamt (2003) schlagen vor, ‚echte' durch ‚virtuelle' Mobilität in Computer und Fernsehen zu ersetzen. Momentan zeichnet sich allerdings kein derartiger Trend ab.

Weiterhin ist es natürlich wichtig, das Umweltbewusstsein in der Bevölkerung zu stärken, ohne deren Beitrag sind alle obigen Maßnahmen nahezu wirkungslos.

Sollten die Maßnahmen dennoch nicht greifen, so sind zusätzliche Kosten für erhöhten $CO_2$-Ausstoß von Fahrzeugen und noch teureres Benzin -Stichwort Ökosteuer- unumgänglich, besonders bei Flügen sieht das Umweltbundesamt (2005) großen Handlungsbedarf.

### 4.4.2 Verkehrsverlagerung

Die Verkehrsverlagerung hat zum Ziel, den durch obige Maßnahmen nicht ersetzbaren motorisierten Verkehr soweit möglich vom MIV auf den ÖPNV zu verlagern. Dazu ist es vorrangig wichtig die Verkehrsmittel des ÖPNV attraktiver zu gestalten, um MIV-Benutzer zu bewegen, auf die weniger schädlichen ÖPNV umzusteigen. Brearley formuliert die Zielsetzung so, „dass der öffentliche Nahverkehr eine gute Alternative bietet, die von den Menschen auch genutzt wird - und zwar gerne genutzt wird, wenn sie alle Informationen haben, wenn die Dienstleistungen verlässlich, bequem, sicher und komfortabel sind und wenn die Leute auch dorthin kommen, wo sie hinwollen, weil es gute Umsteigemöglichkeiten gibt" (Brearley in ifmo (Hrsg.) 2000, S.81). Und auch nach dem Umweltbundesamt (2003) sind Service, Sicherheit, Sauberkeit, Regelmäßigkeit, Zuverlässigkeit, Übersichtlichkeit und Reichweite des ÖPNV entscheidende Faktoren für dessen Erfolg. Für den Freizeitverkehr ist dies etwas problematisch, da dieser sich vor allem auf die Abend- und Nachtzeiten, Wochenenden und Ferientage erstreckt, an denen der ÖPNV in geringerer Form zur Verfügung steht, als zu Tageszeiten unter der Woche (Lorenz-Hennig in Birke, Schwarz (Hrsg.) 1993). Außerdem sollte die Infrastruktur an den ÖPNV angepasst werden, das heißt Einkaufsmöglichkeiten, Arbeits- und Ausbildungsstätten sowie Abendgestaltungsmöglichkeiten sollen auch ohne den MIV bequem erreichbar sein (Brearley in ifmo (Hrsg.) 2000).

Konkrete Ansatzpunkte für Verbesserungen sind demnach Disco-Busse, Pendelverkehr, Sammeltaxen auf Anruf oder Nachtbuslinien, die besonders die Abendgestaltung mit dem ÖPNV erleichtern (Lorenz-Hennig in Birke, Schwarz (Hrsg.) 1993). Dalkmann (in Gather,

Kagermeister (Hrsg.) 2002) sieht ebenfalls die größten Verbesserungspotentiale des ÖPNV im Ausbau eines flächendeckenden tageszeitunabhängigen Verkehrsnetzes, dessen qualitativ hochwertiges und kreatives Marketing von entscheidender Bedeutung für den Erfolg der Maßnahmen ist. Der direkte ÖPNV-Anschluss an Wohnsiedlungen ist ebenfalls unumgänglich.

Wenn Kosten für die Fahrt mit dem ÖPNV zu bestimmten Events wie Theaterstücken oder Fußballspielen bereits im Kartenpreis inbegriffen sind, werden mehr Personen auf dieses Angebot zurückgreifen. Zudem laden Rabatte für Gruppen oder Familien sowie die Möglichkeit, das Fahrrad in Bus und Bahn mitzunehmen, ein, den ÖPNV für Freizeitzwecke zu nutzen (Lorenz-Hennig in Birke, Schwarz (Hrsg.) 1993).

Für die ausreichende Versorgung der Verkehrsnachfrage über den ÖPNV in ländlichen Regionen spielen besonders flexible Systeme wie die Sammel-Ruftaxen, die reguläre Buslinien auf Anruf versorgen, eine große Rolle (Umweltbundesamt 2003).

### 4.4.3 Umweltverträgliche Abwicklung

Der nach Verkehrsvermeidung und Verkehrsverlagerung noch übrige MIV soll so umweltverträglich wie möglich gestaltet werden. Das bedeutet, Emissionen und Energieverbrauch zu reduzieren und sonstige negative Umweltwirkungen, wie Flächenverbrauch und Lärm zu minimieren.

Bei Brearley (in ifmo (Hrsg.) 2000) ist die Rede von der Entwicklung von sauberen Fahrzeugen und Kraftstoffen, die den Ausstoß von umweltschädlichen Abgasen soweit verringern wie möglich. Dies ist durch bessere Technik beim Motor- und Fahrzeugbau, höheren Wirkungsgrad, geringeren Benzinverbrauch und bessere Filtermethoden möglich. Volkswagen plant neuen Medienberichten zufolge, das Einliterauto auf den Markt zu bringen. Es wird bei 120 km/h Spitzengeschwindigkeit, hohem Sicherheitsstandard und einem Gewicht von nur etwa 290 kg von nur 8,5 PS angetrieben (Volkswagen Media Services 2007). In Abbildung 11 ist seine aerodynamische Form zu sehen. Sein Verkaufserfolg bleibt aufgrund des noch hohen Preises, geringen Platzangebotes und mäßigem Komforts abzuwarten.

Abbildung 11: Das Einliterauto von VW (Volkswagen Media Services 2007)

Das bei Vester 1999 mehrfach thematisierte „E-Mobil" (Vester 1999, S.142), das mit Strom von Solartankstellen betrieben werden soll, ist aus den Medien und aus dem Bewusstsein der Bevölkerung in den letzten Jahren fast verschwunden. Hohe Kosten bei relativ geringer Leistung schwächen die Wettbewerbsfähigkeit. Auch sonst sind alternative Energiequellen in Bezug auf die Fortbewegung mit aktuellem Forschungsstand kaum nutzbar.

Eine andere Möglichkeit im Straßenverkehr Energie zu sparen besteht darin, günstige Verkehrsleitsysteme zu entwickeln, die es ermöglichen, Stau und Verkehrsbehinderungen zu umgehen und so unnötigen Energieverbrauch zu vermeiden (Schallaböck in Birke, Schwarz (Hrsg.) 1993). Weiterhin sind eine umweltbewusste Fahrweise und der Kauf umweltfreundlicher PKW eine Möglichkeit für den einzelnen, die positive Entwicklung zu unterstützen.


## 5. Zusammenfassung

Der Freizeitverkehr ist nicht einfach zu erfassen. Schon Freizeit ist schwer zu fassen und wird häufig einfach mit Nicht-Arbeitszeit gleichgesetzt. Die ‚Restgröße' Freizeitverkehr wird dann ebenfalls oft negativ als die Summe derjenigen Fahrten definiert, die nicht anderen gängigen Verkehrszwecken zugeordnet werden können. Übergänge sind daher oft schwammig und erhobene Daten nur bedingt vergleichbar. Unsere ‚Freizeitgesellschaft' ist geprägt durch einen hohen Stellenwert der Freizeit, in der es immer mehr Möglichkeiten und Angebote zu deren Gestaltung gibt. Die Motive für den Freizeitverkehr sind vielfältig, lassen sich aber in vier Motivbündel zusammenfassen. Diese sind soziale Motive, Abwechslung, Autonomie und Natur. Damit lassen sich fast alle Aktivitäten der zwei Bereiche Alltags- und Erlebnisfreizeit begründen, wobei den sozialen Motiven und dem Wunsch nach Abwechslung die größte Bedeutung zukommt. Als Verkehrsmittel wird der MIV mit etwa der Hälfte der Wege und drei Viertel der Strecken mit deutlichem Abstand am häufigsten gewählt. Der ÖPNV macht nur einen sehr geringen Anteil aus. Der größte Teil der Wege erstreckt sich über kurze Strecken, gut zwei Drittel der Wege sind nicht länger als 5 km. Dabei dient über die Hälfte reinen sozialen Interaktionen wie Besuchen bei Bekannten und Verwandten, etwa ein Fünftel wird für Sport zurückgelegt. Routinen spielen eine große Rolle bei der Wahl von Ziel, Tag und genauer Zeit, besonders aber bei Routen- und Verkehrsmittelwahl von Freizeitaktivitäten. Sie überwiegen oder verhindern oft rationale Überlegungen und logische Folgerungen daraus. Insgesamt wächst der Freizeitverkehr seit Jahren permanent an, jedoch unterdurchschnittlich im Vergleich zu anderen Verkehrssektoren, die Mobilität hat in den letzten Jahren insgesamt erheblich zugenommen. Der Freizeitverkehr macht etwa 35 % der insgesamt zurückgelegten Personenkilometern in Deutschland aus. Der größte Handlungsbedarf in Bezug auf die Umweltverträglichkeit von Freizeitaktivitäten ist bei Verwandten- und Bekanntenbesuchen, dem Treiben von Sport und Tagesausflügen zu sehen. Das liegt vor allem daran, dass hier die größten Strecken mit dem MIV zurückgelegt werden. Generell ist die häufige Entscheidung für den MIV problematisch, denn dadurch resultieren vielerlei Probleme: Energieverbrauch, Flächenverbrauch, Schadstoffausstoß, Beeinträchtigung der Gesundheit von Menschen, Tieren und Pflanzen durch schlechte Luft, Lärm und Unfälle, sowie Stau und Verkehrsbehinderungen. Auch ist dies mit großen Kosten verbunden. Möglichkeiten, die momentane Situation zu verbessern, verteilen sich auf drei Stufen. In der ersten sollen Wege vermieden und Strecken verkürzt werden auch zugunsten von Fahrrad- und Fußwegen. In der zweiten soll der übrige MIV soweit möglich auf den umweltschonenderen ÖPNV verlagert werden und in der dritten Stufe nun, soll der nicht vermeidbare und verlagerbare Freizeitverkehr durch fortschrittliche Technologien umweltverträglicher gestaltet werden.


## 6.Schluss

Nun aber noch einmal zu unserem Max Mustermann zurück. Er hat sich obige Fragen nicht gestellt und ist nun auch herzlich wenig an deren Beantwortung interessiert. Stattdessen schaut er in den Kühlschrank und sieht, dass er ja doch noch mal raus zum Einkaufen sollte. Läden, in denen man fast alles Notwendige und Überflüssige kaufen kann, gibt es ja schließlich an jeder Ecke. Billig wird es nicht, denn man kann der Werbung ja kaum widerstehen. Schnellere Taschentücher als die bekannten mit dem Hochgeschwindigkeitsnamen gibt es ohnehin nicht und selbst das grüne Putzmittel springt einen aus dem Regal geradezu quakend an. Da macht man nichts falsch beim Kauf. Nach etlichen Kilometern durch die vollgestopften Gänge des Supermarktes kommt er dann wieder schwer bepackt nach Hause, der Tag ist auch bald vorbei. Vielleicht sollte er noch mit Freunden weggehen, etwas trinken oder irgendwo tanzen gehen, denn Bewegung kann man ja bekanntlich nicht genug haben und unterwegs war er ja heute auch noch kaum. Aber stimmt ja, der Wagen ist doch kaputt und Bus und Bahn kann man sich ja kaum antun, dann eben morgen wieder, wenn das Auto hoffentlich repariert ist. Zum Abschluss des ereignisreichen Tages wird noch der Film „The fast and the Furious" gekuckt, dann schläft er mehr oder weniger zufrieden ein, jedoch niemals zu tief, sonst könnte er ja etwas Wichtiges verschlafen...

## 7. Quellen

### 7.1 Literatur

BIRKE, Martin; SCHWARZ, Michael (Hrsg.) (1993): Neue Verkehrsformen; Dokumentation einer verkehrspolitischen Konferenz des DGB Köln. Köln: Deutscher Gemeindeverlag und Verlag W. Kohlhammer

BRANNOLTE, Ulrich; AXHAUSEN, Kai; DIENEL, Hans-Liudger, RADE, Andreas (1998): Freizeitverkehr; Innovative Analysen und Lösungsansätze in einem multidisziplinären Handlungsfeld. Berlin: Technische Universität Berlin

BUSCH, Heinrich; LUBERICHS, Johannes (2001): Reisen und Energieverbrauch; Das Beispiel: Bundesrepublik Deutschland. Band 4 aus der Reihe: HAMMERICH, Kurt; KRAUSE, Christian; SCHULTZ, Jürgen; ZSCHOCKE, Reinhart (Hrsg.): Naturschutz und Freizeitgesellschaft; Konfliktlagen und Chance für eine humane Gesellschaft. Sankt Augustin: Academia Verlag

DEUTSCHE STRAßENLIGA (DSL) (allgemeiner Teil: WALPER, Karl Heinz) (1980): Freizeit und Straße; Aktive Freizeitgestaltung und Verkehr. Bonn: Deutsche Straßenliga

ELINEAU, Christoph; HÄNEL, Anja; KURBATSCH, Maja (Hrsg.) (2003): Zukunftsaufgabe Mobilität –Innovationen, Lifestyle, Nachhaltigkeit- ; Ergebnisse des Festkolloquiums zum 30-jährigen Bestehen des Verkehrswesenseminars am 30. November 2001. Band 6 aus der Reihe: VERKEHRSWESENSEMINAR DER TU BERLIN: Arbeitsberichte des Verkehrswesenseminars. Berlin: Technische Universität Berlin

GATHER, Matthias; KAGERMEIER, Andreas (Hrsg.) (2002): Freizeitverkehr; Hintergründe, Probleme, Perspektiven. Band 1 aus der Reihe: GATHER, Matthias; KAGERMEIER, Andreas; LANZENDORF, Martin (Hrsg.): Studien zur Mobilitäts- und Verkehrsforschung. Mannheim: MetaGIS Infosysteme

HAUTZINGER, Heinz (Hrsg.) (2003): Freizeitmobilitätsforschung; Theoretische und methodische Ansätze. Band 4 aus der Reihe: GATHER, Matthias; KAGERMEIER, Andreas; LANZENDORF, Martin (Hrsg.): Studien zur Mobilitäts- und Verkehrsforschung. Mannheim: MetaGIS Infosysteme

HEIMKEN, Norbert (1989): Der Mythos von der Freizeitgesellschaft; „Im Entschwinden der Freizeitgesellschaft" Soziologische Konzepte in der Kritik. Münster: Lit

HOFMEISTER, Burkhard; STEINECKE, Albrecht (Hrsg.) (1984): Geographie des Freizeit- und Fremdenverkehrs. Darmstadt: Wissenschaftliche Buchgesellschaft

HOLZAPFEL, Helmut; von WINNING, Henning (Projektleitung) (2000): Neue Ansätze zur Veränderung des Verhaltens im Freizeitverkehr; Eine empirische Studie zum Beitrag von emanzipatorischen Lernprozessen zur Reduzierung der Diskrepanz zwischen umweltrelevantem Verkehrswissen und daraus resultierendem Handeln; Teilprojekt 11, Projektbereich D, Personenverkehr. Wuppertal: Forschungsverbund „Ökologisch verträgliche Mobilität"

INSTITUT FÜR MOBILITÄTSFORSCHUNG – ifmo, Eine Forschungseinrichtung der BMW Group (Hrsg.) (2000): Freizeitverkehr; Aktuelle und künftige Herausforderungen und Chancen. Berlin, Heidelberg, New York: Springer

INSTITUT FÜR MOBILITÄTSFORSCHUNG – ifmo, Eine Forschungseinrichtung der BMW Group (Hrsg.) (2003): Motive und Handlungsansätze im Freizeitverkehr. Berlin, Heidelberg, New York: Springer

SPIEGEL-VERLAG, RUDOLF AUGSTEIN GMBH & CO. KG (Hrsg.) (1993): Spiegel-Dokumentation: Auto, Verkehr und Umwelt. Hamburg: Spiegel-Verlag

STATISTISCHES BUNDESAMT DEUTSCHLAND (2006): Im Blickpunkt - Verkehr in Deutschland 2006. Wiesbaden: Statistisches Bundesamt

STEINKOHL, Franz; KNOEPFFLER, Nikolaus; BUJNOCH, Stephan (Hrsg.) (1999): Auto-Mobilität als gesellschaftliche Herausforderung; Eine Gesprächsreihe der MMW AG, des Instituts Technik-Theologie-Naturwissenschaften und des Instituts für Mobilitätsforschung. München: Herbert Utz Verlag

UMWELTBUNDESAMT (GÖTZ, Konrad; LOOSE, Willi; SCHMIED, Martin; SCHUBERT, Steffi) (2003): Mobilitätsstile in der Freizeit; Minderung der Umweltbelastungen des Freizeit- und Tourismusverkehrs. Berlin: Erich Schmidt Verlag

VESTER, Frederic (1999): Crashtest Mobilität; Die Zukunft des Verkehrs; Fakten, Strategien, Lösungen. München: Deutscher Taschenbuch Verlag

## 7.2 Internetquellen

ALERT (BMBF-Vorhaben): „Alltags- und Erlebnisfreizeit"; Leitfaden; „Effiziente und umweltverträgliche Verkehrsgestaltung im Bereich der Alltags- und Erlebnisfreizeit für institutionelle Akteure". 2004, http://www.alert2000.de/ALERT-Leitfaden.pdf (aktuell am 25.09.07)

BUNDESMINISTERIUM FÜR BILDUNG UND FORSCHUNG (BMBF) – Freizeitverkehr http://www.freizeitverkehr.de (aktuell am 25.09.07)

BUNDESMINISTERIUM DER JUSTIZ: Gesetz zur Regionalisierung des öffentlichen Personennahverkehrs (RegG). 2007, http://bundesrecht.juris.de/regg/ (aktuell am 25.09.07)

BUNDESMINISTERIUM FÜR WIRTSCHAFT UND TECHNOLOGIE (BMWI): Projekt SURVIVE. 2003, http://www.bmwi.tuvpt.de/abgeschlossene-projekte/mobilitaet-besser-verstehen/survive.html (aktuell am 25.09.07)

DIE ZEIT: Haltet den Dieb. 1996, http://www.zeit.de/1996/49/Haltet_den_Dieb (aktuell am 25.09.07)

M2K COLLECTIVE: Marx 2000 - Materialien zu Theorie und Geschichte des Sozialismus. 2003, http://www.vulture-bookz.de/marx/archive/quellen/Marx~Die_Entfremdung_von_ der_Arbeit.html (aktuell am 25.09.07)

POPP, Univ. Prof. Dr. Reinhold (Ludwig Boltzmann-Institut für angewandte Freizeitwissenschaft, Salzburg-Wien): Auf dem Weg in die Freizeitgesellschaft? Sechs Thesen: Gesellschaftliche und politische Herausforderungen. 2000, http://www.freizeitforschung.at/data/Archiv/1999/News06-99.pdf (aktuell am 25.09.07)

SCHRÖTER, DR. FRANK (Institut für Verkehr und Stadtbauwesen an der TU Braunschweig): Nachhaltige Verkehrspolitik. 2003, http://www-public.tu-bs.de:8080/~schroete/Nachhaltige%20Verkehrspolitik.htm (aktuell am 25.09.07)

STADT KARLSRUHE: Karlsruhe. 2007, http://www.karlsruhe.de (aktuell am 25.09.07)

STADTMOBIL CARSHARING GMBH&CO. KG: Stadtmobil Carsharing. 2007, http://www.stadtmobil.de (aktuell am 25.09.07)

UMWELTBUNDESAMT (VERRON, Hedwig et al): Determinanten der Verkehrsentstehung. 2005, http://www.umweltdaten.de/publikationen/fpdf-l/2967.pdf (aktuell am 25.09.07)

VOLKSWAGEN MEDIA SERVICES: Das 1-Liter-Auto – Demonstration der Machbarkeit einer Idee. 2007, http://www.volkswagen-media-services.com/medias_publish/ms/content /de/pressemitteilungen/2002/04/15/das_1-liter-auto_.standard.gid-oeffentlichkeit.html (aktuell am 25.09.07)

### 7.3 Tabellen

Tabelle 1: eigene Tabelle mit Werten von Lehnig in Hautzinger (Hrsg.) 2003, S.81: Abbildung 1 und Abbildung 2

Tabelle 2: eigene Tabelle nach ALERT 2004, S. 26: Tabelle 5

### 7.4 Abbildungen

Abbildung Deckblatt: Veranstaltungsaushang

Abbildung 1: eigene Abbildung aus Werten von Fastenmeier aus Hautzinger (Hrsg.) 2003 S.65: Abbildung 4

Abbildung 2: Umweltbundesamt 2005, S.38

Abbildung 3: eigene Abbildung aus Werten vom Umweltbundesamt 2003 und Abbildung 3

Abbildung 4: eigene Abbildung aus Werten von Schröter 2003

Abbildung 5: eigene Abbildung nach Umweltbundesamt 2003, Abbildung 4.2

Abbildung 6: eigene Abbildung nach Karg et al in ifmo 2000, S.102: Abbildung 5

Abbildung 7: eigene Abbildung nach Umweltbundesamtes 2003, S.18: Tabelle 2

Abbildung 8: eigene Abbildung nach Umweltbundesamt 2003, S.21: Tabelle 7

Abbildung 9: Statistisches Bundesamt Deutschland 2006, S. 49: Abbildung 5.2

Abbildung 10: Schröter 2003

Abbildung 11: Volkswagen Media Services 2007

*Wörter:* 9.757
*Zeichen:* 70.936
(ohne Verzeichnisse, Quellen und Erklärung)